全国高等院校IT新技术系列“十四五”规划教材

云计算导论

主　编◎苏　琳　胡　洋　金　蓉
副主编◎何晓东　路　玲　廖勇毅

中国铁道出版社有限公司
CHINA RAILWAY PUBLISHING HOUSE CO., LTD.

内容简介

当前以云计算、大数据、物联网为代表的新一代信息技术正在向制造业渗透融合。本书全面介绍了云计算的概念、框架、安全、应用与发展。全书共8章，包括云计算概述、云计算基础、虚拟化技术、云存储及典型系统、云安全、云计算与大数据、云计算平台简介和云计算的应用与未来。全书内容实用，同时配套微课视频、PPT课件等丰富的课程资源，理论紧密联系实际，便于广大读者的学习。

通过学习本书，读者可以较全面地了解云计算专业今后需要学习的课程和技术，系统掌握云计算的工作原理和发展趋势。本书可作为高等院校云计算基础课程的配套教材，也可作为相关技术人员以及云计算爱好者的参考读物。

图书在版编目（CIP）数据

云计算导论/苏琳，胡洋，金蓉主编．—北京：中国铁道出版社有限公司，2020.12

全国高等院校IT新技术系列“十四五”规划教材

ISBN 978-7-113-27318-7

Ⅰ.①云… Ⅱ.①苏… ②胡… ③金… Ⅲ.①云计算-高等学校-教材 Ⅳ.①TP393.027

中国版本图书馆CIP数据核字（2020）第193668号

书　　名： 云计算导论
作　　者： 苏　琳　胡　洋　金　蓉

策　　划： 唐　旭　　　　**编辑部电话：**（010）51873202
责任编辑： 刘丽丽　李学敏
封面设计： 刘　颖
责任校对： 张玉华
责任印制： 樊启鹏

出版发行： 中国铁道出版社有限公司（100054，北京市西城区右安门西街8号）
网　　址： http://www.tdpress.com/51eds/
印　　刷： 北京柏力行彩印有限公司
版　　次： 2020年12月第1版　2020年12月第1次印刷
开　　本： 787 mm×1 092 mm 1/16　**印张：** 9.25　**字数：** 217千
书　　号： ISBN 978-7-113-27318-7
定　　价： 36.00元

前 言

云计算技术发展迅速，相关技术热点也呈现出百花齐放的局面。业界各大厂商纷纷制定相应战略，新的概念、观点和产品不断涌现。云计算作为新一代的 IT 技术变革核心，必将成为广大学生、科研工作者构建自身 IT 核心竞争力的战略机遇。因而，作为高层次 IT 人才，学习云计算知识、掌握云计算相关技术迫在眉睫。现在以大数据、人工智能、云计算这些学科为代表的新一代信息技术产业，人才缺口就有约 150 万人。有专家预测，到 2050 年，人才缺口会达到 950 万人。

目前，大数据、人工智能专业以及云计算相关课程还没有在高校里全面开设，但企业需要的人才缺口却很大。本书编者团队就是在这种背景下，以培养适应企业岗位需求的高级人才为目标，走进云计算工作岗位，与广州五舟科技股份有限公司合作，共同编写了本书。本书主要目的是让云计算方向乃至计算机相关专业所有学生对云计算有初步认知，为后续的公有云、私有云、混合云的学习打下理论基础，也可以让当今生活在“云计算、大数据、人工智能时代”的大学生了解云计算。

本书根据高等教育的特点，基于“岗位标准、职业要求”的校企合作教学方式编写，体现了“基于岗位标准”“基于工作过程”“教、学、做”一体化教学理念，具备以下特点：

（1）体现“任务驱动”教学模式。从实践出发，前 7 章均配有实践任务，通过课后任务的实践，完成对章节知识的理解和运用。

（2）体现“教、学、做”一体化教学理念。以学到实用理论、提高岗位职业能力为出发点，以“做”为中心，“教”与“学”围绕“做”，突出岗位实践的综合能力，在学中做，在做中学，从而完成知识学习、技能训练和提高职业素养的教学目标。

（3）体现实用性和可操作性，易懂易学。实用性使学生能学以致用；可操作性保证每个任务能顺利完成。本书力求通俗易懂，让每位读者感到易学、乐学，在宽松的环境中理解知识、掌握技能。

（4）紧跟行业技术发展。全书着力于当前主流技术和新技术的讲解，与行业联系密切，深入云计算企业各个岗位，将岗位需求的必备专业知识选入，紧跟行业发展，做到学有所用。

（5）本书配套的课程资源丰富，每章均配有微课视频、PPT 课件、习题等教学资源，便于读者对知识的理解、巩固和自我测试。

本书从云计算的概念、框架、安全、存储与技术应用等方面进行介绍，共分 8 章，主要内容包括云计算概述、云计算基础、虚拟化技术、云存储及典型系统、云安全、云计算与大数据、云计算平台简介和云计算的应用与未来。课程建议开设 36 学时，授课计划可参考下表。

授 课 计 划

编号	内 容	学时分配	
		讲授/学时	实践/学时
1	第1章 云计算概述	2	1
2	第2章 云计算基础	3	1
3	第3章 虚拟化技术	4	2
4	第4章 云存储及典型系统	4	2
5	第5章 云安全	4	1
6	第6章 云计算与大数据	4	1
7	第7章 云计算平台简介	3	1
8	第8章 云计算的应用与未来	3	0

本书由苏琳、胡洋、金蓉任主编，何晓东、路玲、廖勇毅任副主编，陈裕通及广州五舟科技股份有限公司的张帆、胥泽富、彭强和陈慧灵等资深的企业专业技术人员参与编写。本书的编写得到了广州五舟科技股份有限公司的大力支持，在此表示深深的感谢。

由于编者水平有限、时间仓促，书中难免存在不足之处，敬请广大读者批评指正。

编 者
2020年6月

目 录

第1章

云计算概述

本章主要介绍云计算的产生背景、演化与发展、生态系统、产业链、定义与特点，通过本章的学习，能让读者对云计算有一个初步的认识。

1.1 云计算产生背景

云计算是继20世纪80年代大型计算机到客户端/服务器的大转变之后的又一巨变。云计算是分布式计算、并行计算、效用计算、网络存储、虚拟化、负载均衡、热备份冗余等传统计算机和网络技术发展融合的产物。

云计算的产生背景

1.1.1 互联网促进了云计算的产生

在历史长河的深处，云时代其实早已悄悄拉开了序幕。

20世纪60年代的第一波信息化革命，即计算机革命，很多传统企业紧跟这一轮信息化的浪潮，将计算机广泛应用到业务中。20世纪90年代的第二波信息化革命，即互联网革命，1987年9月14日发出了中国第一封电子邮件："Across the Great Wall we can reach every corner in the world.（越过长城，走向世界）"，揭开了中国人使用互联网的序幕，当时通信速率为300 bit/s。1989年，在欧洲粒子物理研究所工作的蒂姆•伯纳斯•李发明了万维网(World Wide Web)，又称Web、WWW、W3，通常简称为Web。4年后，美国网景公司推出了万维网产品，顿时风靡全世界。万维网的诞生给全球信息的交流和传播带来了革命性的变化，打开了人们获取信息的方便之门。

Web 1.0时代开始于1994年，其主要特征是大量使用静态的HTML网页来发布信息，开始使用浏览器来获取信息，这个时候主要是单向的信息传递。Web 1.0的本质是聚合、联合、搜索，其聚合的对象是巨量、无序的网络信息。Web 1.0只满足了人对信息搜索、聚合的需求，而没有满足人与人之间沟通、互动和参与的需求。这个时期诞生了百度、谷歌、亚马逊等企业。

Web 2.0 时代开始于2004年，其主要特征是软件被当成一种服务，Internet从一系列网站演化成一个成熟的为最终用户提供网络应用的服务平台，强调用户参与、在线网络协作、数据存储的网络化、社会关系网络、RSS(Really Simple Syndication，简易信息聚合)应用以及文件的共享。这个时期变成了双向传递信息，用户既是信息的浏览者也是信息的创造者，大大激发了企业及用户的创造和创新的积极性，使Internet重新变得生机勃勃。

2010年掀起了第三波信息化革命，即移动互联网革命，商业世界正式进入大数据时代。

在Web 2.0时代，Flickr、Myspace、facebook、YouTube、Blog、Wiki等网站的访问量已经远远超过传统门户网站的访问量。用户数量多以及用户参与程度高是这些网站的特点。因此，如何有效地为如此巨大的用户群体服务，让他们参与时能够享受方便、快捷的服务，成为这些网站不得不解决的一个问题。

Web 2.0虽然只是互联网发展阶段的过渡产物，但正是由于Web 2.0的产生，让人们可以更多地参与到互联网的创造劳动中，特别是在内容上的创造，在这一点上，Web 2.0是具有革命性意义的。人们在这个创造劳动中将获得更多的荣誉、认同，包括财富和地位。正是因为更多的人参与了有价值的创造劳动，那么“要求互联网价值的重新分配”将是一种必然趋势，因而必然催生新一代互联网，这就是Web 3.0。

互联网的技术日新月异，互联网不断深入人们的生活，Web 3.0将是彻底改变人们生活的互联网形式。Web 3.0使所有网上公民不再受到现有资源积累的限制，具有更加平等地获得财富和声誉的机会。不管是B2C还是C2C，网民利用互联网提供的平台进行交易，在这个过程中，他们通过互联网进行劳动，并获得了财富。在线游戏通过积分的方式，角色扮演者通过攻城掠寨，不断地修炼、花费大量的时间，他们在那里可以获得声誉和财富，而这个财富通过一定的方式可以在现实中兑换，正所谓人生如同一场游戏，互联网会让人们的生活变得更像游戏一样。

1.1.2　大数据促进了云计算的发展

我们正处在一个IT变革的时代，云计算、大数据和移动办公是IT未来发展的趋势。在IT的整个发展过程中，数据一直伴随着我们，由最初KB到现在ZB(1ZB等于10亿TB)。随着互联网技术的不断发展，数据量呈爆发式增长，2020年，全球数据总量将达到35 ~ 45 ZB。

大数据聚合在一起的数据量是非常大的，根据国际数据公司(IDC)的定义，至少有超过100 TB可供分析的数据。数据量大是大数据的基本特征，导致数据大规模增长的原因有很多，首先是随着互联网技术的发展，使用网络的企业、机构和个人等呈增长的趋势，数据的获取和分享方式越来越简易；其次是随着各种传感器数据获取能力的大幅提升人们获取的数据越来越接近原始事物的本身，描述同一事物的数据量激增，早期通过表格等方式收集、存储、整理的数据，大多存在抽象化等特点，不便于用户统计数据并分析。此外，数据量大还体现在人们思维的转变，人们在数据的获取方式及理念发生了巨大的变化。早期，人们对事物的认知受限于获取、分析数据的能力，较多地使用采样的方式，以少量的数据来近似描述事物的全貌，通过采样方式获取到的部分样本，可能分析得到的数据与实际的数据存在相反的结论。因此，为了让分析的结果具有更高的准确性，必须要调取大量的数据，从接近事物本身的数据开始着手，从更多的细节来解释事物本身所具有的特征。

如今的数据类型早已不是单一的文本形式，结构化数据、半结构化数据和非结构化数据共存。结构化数据是指可以用二维表结构来逻辑表达实现的数据，在定义数据结构化过程中，往往忽略了一些在特定应用场景下的细节，数据最终以表格的形式保存在数据库中，数据格式统一，这种形式存储的结构化数据，呈现大众化、标准化的特点。而随着互联网网络及传感器的快速发展，非结构化数据呈现飞速增长的趋势，非结构化数据没有统一的数据结构属性，难以用表结构来表示及存储数据，在记录数据数值的同时还需要存储数据的结构，增加了数据存储、处理的难度，但目前，非结构化数据在很多领域所占比重是非常大的，人们在日常生活中上网不仅仅是看新闻、发送电子邮件等，还会上传或者下载音视频文件等，这些都是非结构化数据。整体而言，非结构化数据的增长速度比结构化数据的增长速度快10～50倍，但这并不意味着结构化数据或者半结构化数据将面临淘汰的局面，具体的使用情况以实际的应用场景为准。大数据是在数据呈现多元化（结构化数据、非结构化数据和半结构化数据）的背景下产生的。

传统的结构化数据通常按照特定的应用对事物进行相应的抽象，而大数据在获取信息时不会对事物进行抽象、归纳等处理，它会获取事物全部细节，在分析时直接采用原始数据，保留了数据的原始面貌，减少了采样和抽象等步骤，但在分析的过程中多少会引入大量没有意义的信息，或者是错误的信息。因此，相对于特定场景的应用，大数据关注非结构化数据的价值密度较低。以视频为例，一部数小时的视频，在连续的不间断监控中，大量的数据被存储起来，但很多数据是无用的，对于特定场景的数据，有用的数据仅仅只有一两秒。

随着各种传感器与互联网等信息的获取，数据的产生与发布越来越便捷，产生数据的途径也增多，数据量呈现爆炸式的快速增长，快速增长的数据量要求数据处理的速度也要紧跟其步伐，才能使得获取到大量的数据被有效利用，否则，快速增长的数据量会成为解决问题的负担。在获取数据的过程中，数据不是一成不变的，而是随着互联网时时发生变化的，通常这样的数据价值会随着时间的推移而呈现降低的趋势，如果数据在获取时间内没有得到有效的处理，就会导致其失去价值。然而这就需要计算机具备更加快速的计算处理能力和庞大的存储能力，云计算的发展无疑是较好的解决方案，它们相互促进，相互发展。详见本书6.2节。

1.2　云计算的演化与发展

1983年，Sun Microsystems提出"网络是电脑"（The Network is the Computer）的概念，这就是云计算的雏形，尽管这种概念始终没能在企业市场变成现实，但它很有可能以另一种形式出现在PC领域。之所以这样下结论，主要是由于无线宽带网络的飞速普及，包括先进的数字手机网。其结果就是：无论是家庭PC用户，还是企业商务人员，都可以随时、随地获取所需资源。他们可以通过PDA在2 500英里以外获取家中PC上的数据。云计算发展演化过程如图1-1所示。

云计算的
演化与发展

2006年3月，亚马逊（Amazon）推出弹性计算云（Elastic Compute Cloud，EC2）服务。使用弹性计算云，用户可首先创建包括操作系统、应用程序和配置设置在内的亚马逊机器映像(Amazon Machine Image，AMI)；然后将该机器映像上载至亚马逊简单存储服务(Amazon Simple Storage Service，Amazon S3)并注册亚马逊弹性计算云；最后创建一个亚马逊机器映像认证符(AMI ID)。上述所有步骤完成后，注册用户可在需要的基础上申请虚拟机。亚马逊弹性计算云的处理能力可实时增减，至少相当于1台虚拟机的处理能力，多至1 000台以上虚拟机的处理水平。弹性计算云的付费方式按照其计算和所消耗的网络资源收取。

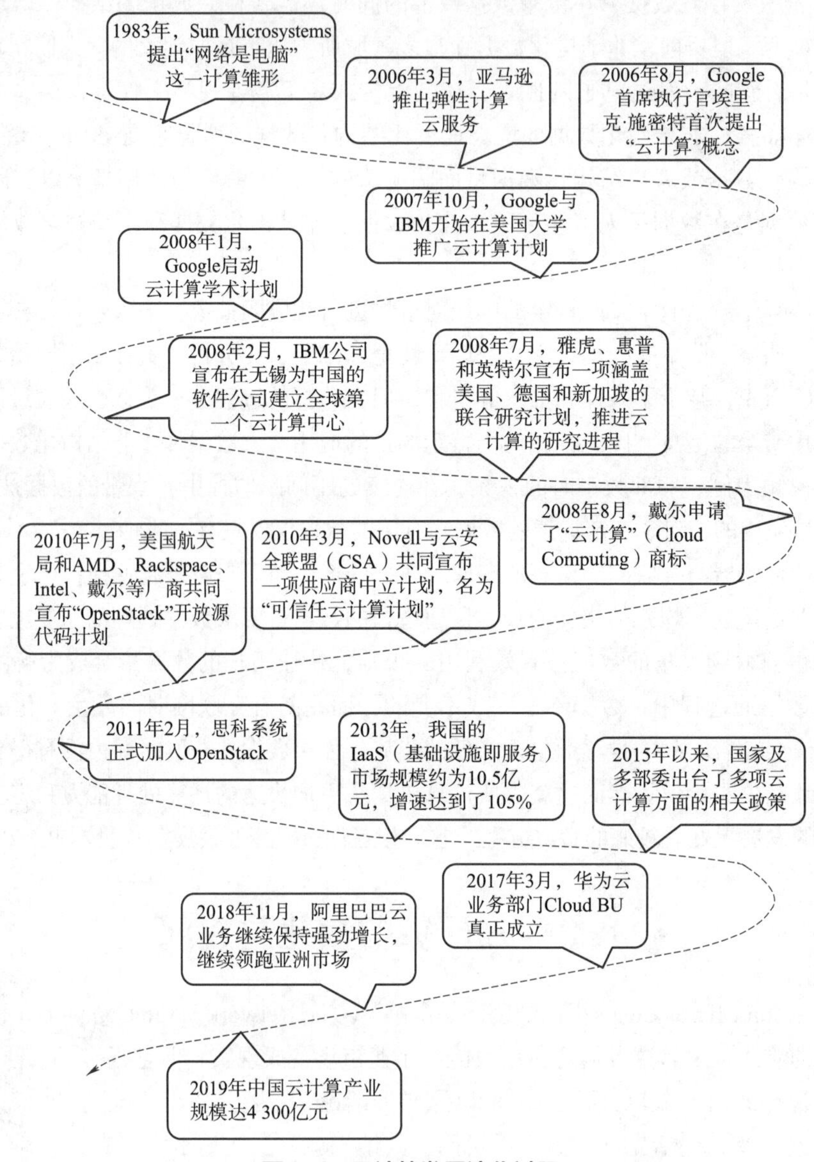

图1-1　云计算发展演化过程

2006年8月9日，Google首席执行官埃里克•施密特（Eric Schmidt）在搜索引擎大会（SES San Jose 2006）首次提出“云计算”（Cloud Computing）的概念。Google“云端计算”源于Google工程师克里斯托弗•比希利亚所做的“Google 101”项目。

2007年10月，Google与IBM开始在美国大学校园，包括卡内基梅隆大学、麻省理工学院、斯坦福大学、加州大学伯克利分校及马里兰大学等，推广云计算的计划，这项计划希望能降低分布式计算技术在学术研究方面的成本，并为这些大学提供相关的软硬件设备及技术支持（包括数百台个人计算机及BladeCenter与System x服务器，这些计算平台将提供1 600个处理器，支持包括Linux、Xen、Hadoop等开放源代码平台）。而学生则可以通过网络开发各项以大规模计算为基础的研究计划。

2008年1月30日，Google宣布启动“云计算学术计划”，与学校合作，将这种先进的大规模、快速的云计算技术推广到校园的学术研究中。

2008年2月1日，IBM公司宣布在中国无锡太湖新城科教产业园为中国的软件公司建立全球第一个云计算中心（Cloud Computing Center）。

2008年7月29日，雅虎、惠普和英特尔宣布一项涵盖美国、德国和新加坡的联合研究计划，推进云计算的研究进程。该计划要与合作伙伴创建6个数据中心作为研究试验平台，每个数据中心配置1 400～4 000个处理器。这些合作伙伴包括新加坡资讯通信发展管理局、德国卡尔斯鲁厄大学Steinbuch计算中心、美国伊利诺伊大学香槟分校、英特尔研究院、惠普实验室和雅虎。

2008年8月3日，美国专利商标局网站信息显示，戴尔申请了“云计算”（Cloud Computing）商标，此举旨在加强对这一未来可能重塑技术架构的术语的控制权。

2010年3月5日，Novell与云安全联盟（CSA）共同宣布一项供应商中立计划，名为“可信任云计算计划（Trusted Cloud Initiative）”。

2010年7月，美国国家航空航天局和包括Rackspace、AMD、Intel、戴尔等支持厂商共同宣布“OpenStack”开放源代码计划，微软在2010年10月表示支持OpenStack与Windows Server 2008 R2的集成；而Ubuntu已把OpenStack加至11.04版本中。

2011年2月，思科系统正式加入OpenStack，重点研制OpenStack的网络服务。

2013年，我国的IaaS(基础设施即服务)市场规模约为10.5亿元，增速达到了105%，显示出旺盛的生机。IaaS相关企业不仅在规模、数量上有了大幅提升，而且吸引了资本市场的关注，UCloud、青云等IaaS初创企业分别获得了千万美元级别的融资。

腾讯、百度等互联网巨头纷纷推出了各自的开放平台战略。新浪SAE等PaaS(平台即服务)的先行者也在业务拓展上取得了显著的成效，在众多互联网巨头的介入和推动下，我国PaaS市场得到了迅速发展，2013年市场规模增长近20%。但由于目前国内PaaS服务仍处于吸引开发者和产业生态培育的阶段，大部分PaaS服务都采用免费或低收费的策略，因此整体市场规模并不大，估计约为2.2亿元人民币左右，但这并不妨碍人们对PaaS的发展前景抱有充足的信心。

无论是国内还是全球，SaaS（软件即服务）一直是云计算领域最为成熟的细分市场，用户对于SaaS服务的接受程度也比较高。2015年SaaS市场增长率达到117.5%，市场规模增长至8.1亿元人民币。

2015年以来，云计算方面的相关政策不断。2015年初，国务院发布了《国务院关于促进云计算创新发展培育信息产业新业态的意见》，明确了我国云计算产业的发展目标、主要任务和保障措施。2015年7月，国务院又发布了《关于积极推进“互联网+”行动的指导意见》，提出到2025年，“互联网+”成为经济社会创新发展的重要驱动力量。2015年11月，工业和信息化部印发《云计算综合标准化体系建设指南》。

2017年3月，华为云业务部门Cloud BU真正成立。8月底，华为云升为一级部门，与消费者事业部、运营商事业部和企业事业部并列作为第四大业务部门，同时增加了2 000人进入Cloud BU。

2018年11月2日，阿里巴巴集团公布2019财年第二季度（2018年7月至9月底）业绩。旗下云计算业务继续保持强劲增长，季度营收达到56.67亿元，整个上半财年营收首次突破100亿元，持续扩大在亚洲市场第一的领先优势。

2019年，中国云计算产业规模达4 300亿元。未来，中国将进一步推动企业利用云计算加快数字化、网络化、智能化转型，推进互联网、大数据、人工智能与实体经济深度融合。

1.3 我国云计算的生态系统与产业链

云计算是第三次产业革命，在这一阶段，很多服务和产品都是相互依存的，因此云计算必须形成一个完善的生态系统，才能让所有从业者从中获益。随着我国云计算产业的快速发展，容器、微服务等技术的不断成熟，推动着云计算的变革，云计算的应用场景不断拓展，产业链不断成熟，云计算的应用已深入到政府、金融、工业、交通、物流等传统行业。

云计算的产业链

1.3.1 我国云计算生态系统

我国云计算生态系统（见图1-2）主要涉及硬件、软件、服务、网络和安全5个方面。

1. 硬件

云计算相关硬件包括服务器、存储设备、网络设备、数据中心成套装备以及提供和使用云服务的终端设备。目前，我国已形成较为成熟的电子信息制造产业链，设备提供能力大幅提升，基本能够满足云计算发展需求，但低功耗CPU、GPU等核心芯片技术与国外相比尚有较大差距，新型架构数据中心相关设备研发较为滞后，规范硬件性能、功能、接口及测评等方面的标准尚未形成。

2. 软件

云计算相关软件主要包括资源调度和管理系统、云平台软件和应用软件等。

资源调度管理系统和云平台软件方面，我国已在虚拟弹性计算大规模存储与处理、安全管理等关键技术领域取得二批突破性成果，拥有了面向云计算的虚拟化软件、资源管理类软件、存储类软件和计算类软件，但综合集成能力明显不足。云应用软件方面，我国已形成较为齐全的产品门类，但云计算平台对应用移植和数据迁移的支持能力不足，制约了云应用软件的发展和普及。

3. 服务

服务包括云服务和面向云计算系统建设应用的云支撑服务。云服务方面，各类IaaS、PaaS和SaaS服务不断涌现，云存储、云主机、云安全等服务实现商用，阿里云、百度云、腾讯云等公有云服务能力位居世界前列，但国内云服务总体规模较小，需要进一步丰富服务种类、拓展用户数量。同时，服务质量保证、服务计量和计费等方面依然存在诸多疑惑，需要建立统一的SLA(服务水平协议)、计量原则、计费方法和评估规范，以保障云服务按照统一标准交付使用。云支撑服务方面，我国已拥有覆盖云计算系统设计、部署、交付和运营等环节的多种服务，但尚未形成自主的技术体系，云计算整体解决方案供给能力薄弱。

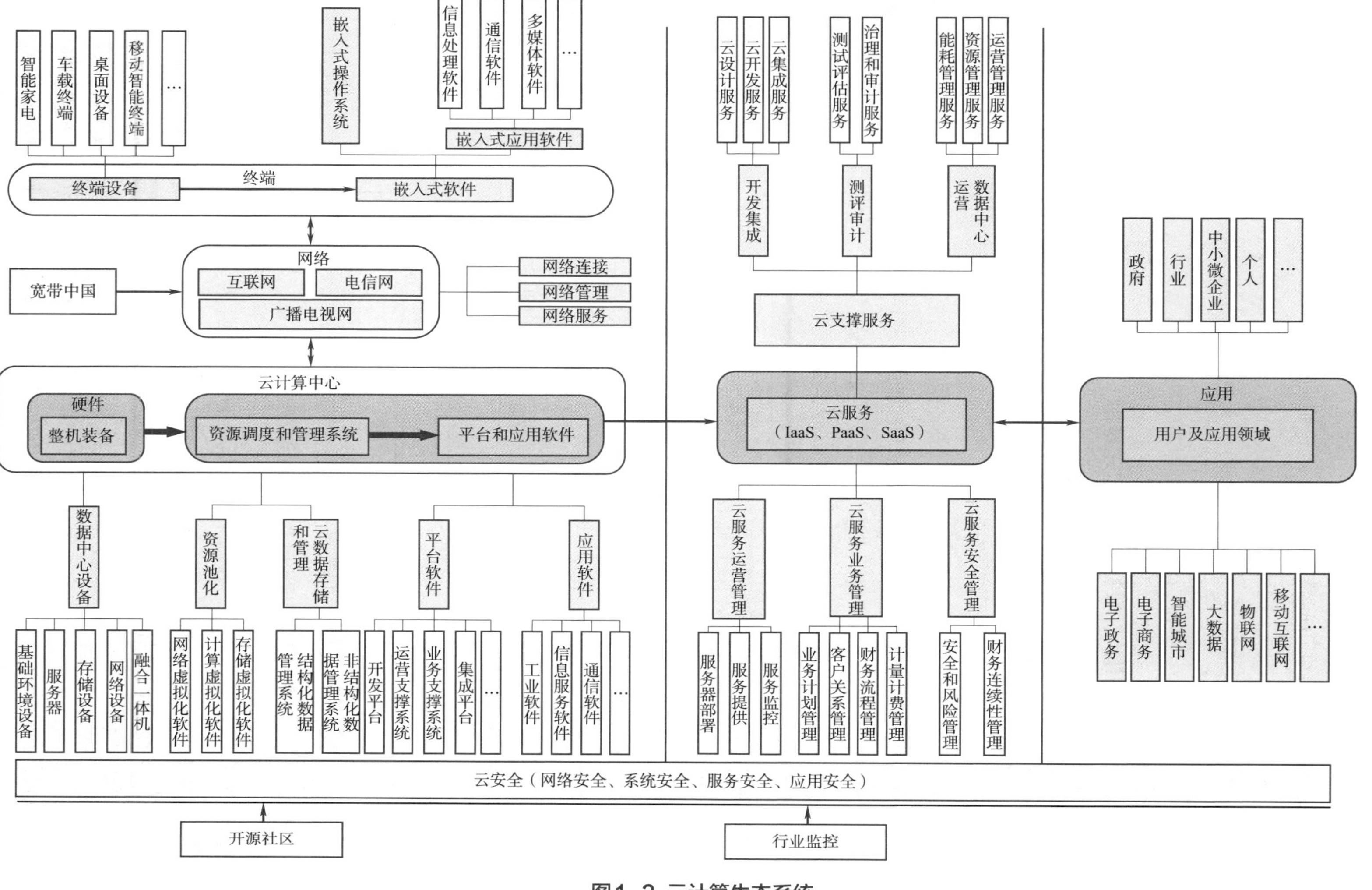

智能家电
车载终端
桌面设备
移动智能终端
…
嵌入式操作系统
信息处理软件
通信软件
多媒体软件
…
嵌入式应用软件
终端
终端设备
嵌入式软件
宽带中国
网络
互联网
电信网
广播电视网
网络连接
网络管理
网络服务
云计算中心
硬件
整机装备
资源调度和管理系统
平台和应用软件
数据中心设备
基础环境设备
服务器
存储设备
网络设备
融合一体机
资源池化
网络虚拟化软件
计算虚拟化软件
存储虚拟化软件
云数据存储和管理
结构化数据管理系统
非结构化数据管理系统
平台软件
开发平台
运营支撑系统
业务支撑系统
集成平台
…
应用软件
工业软件
信息服务软件
通信软件
…
云设计服务
云开发服务
云集成服务
测试评估服务
治理和审计服务
能耗管理服务
资源管理服务
运营管理服务
开发集成
测评审计
数据中心运营
云支撑服务
云服务
（IaaS、PaaS、SaaS）
云服务运营管理
服务器部署
服务提供
服务监控
云服务业务管理
业务计划管理
客户关系管理
财务流程管理
计量计费管理
云服务安全管理
安全和风险管理
财务连续性管理
政府
行业
中小微企业
个人
…
应用
用户及应用领域
电子政务
电子商务
智能城市
大数据
物联网
移动互联网
…
云安全（网络安全、系统安全、服务安全、应用安全）
开源社区
行业监控

图1-2　云计算生态系统

4. 网络

云计算具有泛在网络访问特性，用户无论通过电信网、互联网或广播电视网，都能够使用云服务。“宽带中国”战略的实施为我国云计算发展奠定坚实的网络基础。与此同时，为了进一步优化网络环境，需要在云内、云间的网络连接和网络管理服务质量等方面加强工作。

5. 安全

云安全涉及服务可用性、数据机密性和完整性、隐私保护、物理安全、恶意攻击防范等诸多方面，是影响云计算发展的关键因素之一。云安全不是单纯的技术问题，只有通过技术、服务和管理的互相配合，形成共同遵循的安全规范，才能营造保障云计算健康发展的可信环境。

1.3.2 我国云计算产业链

云计算产业泛指与云计算相关联的各种活动的集合，其产业链主要分为4个层面，即基础设施层、平台与软件层、运行支撑层和应用服务层，如图1-3所示。

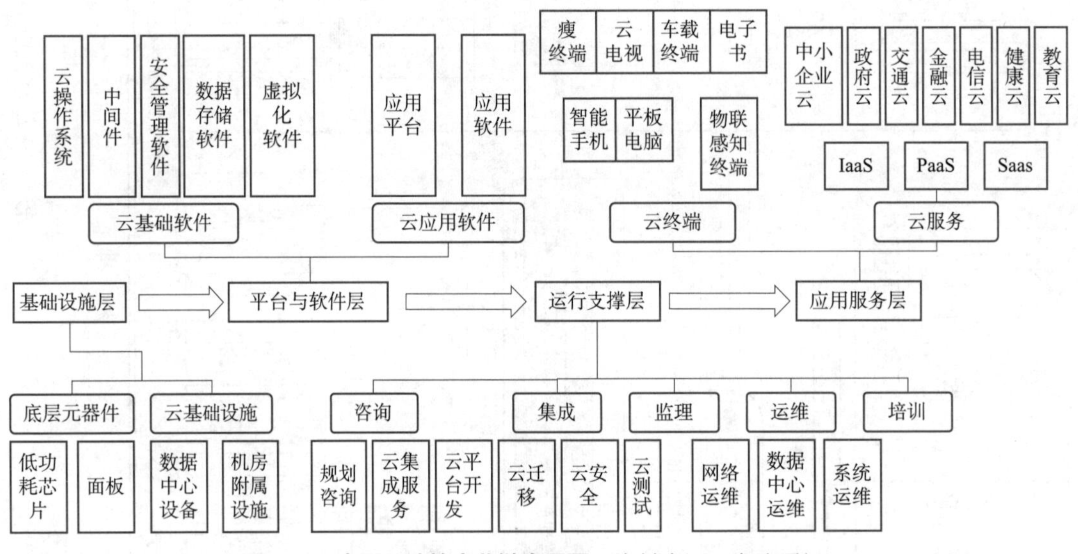

图1-3 中国云计算产业链全景图（资料来源：赛迪顾问）

基础设施层以底层元器件、云基础设施等硬件设备资源为主；平台与软件层以云基础软件、云应用软件等云平台与云软件资源为主；运行支撑层主要包括咨询、集成、监理、运维、培训等；应用服务层主要包括云终端和云服务。

1. 基础设施层

基础设施层是指为云计算服务体系建设提供硬件基础设备的产业集合，主要包括底层元器件和云基础设施两个方面，处于云计算产业链的上游环节，是云计算产业发展的重要基础，为云计算服务体系建设提供基础的硬件设施资源。为提高我国在云计算产业中的话语权，增强本土企业在云计算产业中的竞争力，国家将加大在云计算核心芯片研发及下一代互联网、新一代移动通信网、下一代数据中心等基础设施建设中的投入力度，扶持国内重点企业在芯片研发领域实现突破，大力完善云计算业务应用的基础环境，推动我国云计算产业不断快速发展，基础设施层细分环节和代表企业如表1-1所示。

表 1-1　基础设施层细分环节和代表企业

序号	细分环节名称	描　述	代表企业
1	底层元器件	为构建云平台基础设施而提供的基础元器件产品集合，是支撑云平台硬件架构的上游主要环节，主要包括低功耗芯片、面板等	龙芯、新岸线工厂、ARM、Intel、AMD、LG工厂、Samsung工厂等
2	云基础设施	指云计算平台的核心硬件设备，如服务器、存储系统、网络设备和机房附属设施所组成的云数据中心的基础平台，包括数据中心设备和机房附属设施	浪潮、曙光、联想、Oracle、EMC/Cisco、Microsoft、Google、IBM、HP等

2. 平台与软件层

平台与软件层是指为云计算服务体系建设提供基础平台与软件的产业集合，主要包括云基础软件和云应用软件两个方面，处于云计算产业链的上游环节。其基于基础设施层，为云计算服务体系建设与运行提供基础工具软件、应用开发软件及平台等，是云计算产业发展的活力之源。政策方面，国家未来在加大云计算核心芯片研究的同时也将大力加强在基础软件领域的研发投入，支持国内重点企业在云计算操作系统与平台开发领域实现突破；同时，还将通过服务、应用创新带动新技术创新，加快虚拟化技术、资源管理技术、负载均衡技术等云计算关键技术的产业化发展，提升国内云计算产业及企业的竞争实力。平台与软件层的细分环节和代表企业如表1-2所示。

表 1-2　平台与软件层细分环节和代表企业

序号	细分环节名称	描　述	代表企业
1	云基础软件	指构建在云基础平台之上，为各种应用提供必要运行和支撑的软件，主要包括云操作系统、中间件、安全管理软件、数据存储软件和虚拟化软件等	浪潮（云操作系统）、阿里巴巴、腾讯、百度、华为（云存储）、中创软件（中间件）、瑞星、绿盟、奇虎、蓝盾、山石网科（安全管理）、汉王（生物认证）、中金数据（海量存储）、南大通、（数据库）、中软（分布式数据）、Microsoft、Citrix、VMware(虚拟化)
2	云应用软件	指在平台软件和中间件之上，为特定领域开发的直接辅助人工完成某类业务处理或实现企业业务管理的软件与平台，包括应用平台和应用软件	轩辕（行业云应用软件）、百度、高德（位置导航平台）、用友、金蝶（企业管理软件）、腾讯、阿里旺旺（通信软件）

3. 运行支撑层

运行支撑层是指为云计算服务体系建设提供规划、咨询及整合相关基础设施资源进行云计算服务体系建设以及相关运维和培训服务的产业集合，处于云计算产业链的中游，是云计算产业链中连接上下游产业的重要环节。虽然目前中国云计算产业链主要以基础设施层为主体，但运行支撑层却是其中发展最为活跃、发展速度最快的产业环节之一，众多上下游企业都积极参与其中，业务模式也处于快速创新之中，提供的服务也越来越丰富，如规划咨询、云集成、云平台开发、云安全等均取得了快速发展，有效支撑了云计算产业的发展，是云计算产业链中的重要支撑环节。运行支撑层的细分环节和代表企业如表1-3所示。

表 1–3　运行支撑层细分环节和代表企业

序号	细分环节名称	描　述	代表企业
1	咨询	指面向云计算产业链上各个环节企业提供云计算业务相关战略决策支撑的活动	赛迪顾问、赛迪信息
2	集成	指通过顶层设计、软件开发、系统架构等一系列手段实现云计算数据中心、平台、系统的建设与服务	软通动力、奇虎、中国软件测评中心
3	监理	指对私有云、公有云、混合云构建相关工程的生产（进度、质量与投资等）进行监督和管理工作	北京长城电子、中国国安、中华通信
4	运维	指为云计算服务和应用所需的网络、数据中心、系统等基础设施提供运行维护的服务	中国电信、中国联通、中国移动、世纪互联、思科（网络运维）、中金数据、万国数据、世纪互联、IBM（数据中心运维）、中金数据、中企动力、IBM、HP（系统运维）
5	培训	指为从事云计算产业相关领域业务的决策者、管理人员、技术人员、服务人员提供云计算理念、技术、技能培训的服务	华三通信、腾讯云、云唯+

4. 应用服务层

应用服务层是指在云计算服务体系中提供云服务和云服务应用平台的产业集合，主要包括云终端和云服务两个方面，处于云计算产业链的下游环节，是云计算产业获得持续发展的动力所在。

在云终端领域，近年来随着智能手机、平板电脑、车载终端、电子书销售的快速增长，相关服务应用需求也在不断提升，云终端领域的应用价值也得到了快速发展，进一步拓展了云应用的价值链，为云计算产业的持续发展提供了充足动力。

在云服务领域，目前主要以IaaS服务为主导，但未来随着基础设施建设的逐步成熟以及云计算应用新需求的不断涌现，SaaS服务将不断普及，PaaS服务也将具有较大发展空间，使云计算产业链呈现软化趋势，国内企业也将依托本土优势占据产业发展主导地位。另外，中小企业云、电信云、政府云、健康云、金融云、教育云等行业云服务近年来在云计算快速发展的浪潮中获得了快速发展，吸引了包括IBM、Microsoft、华为、曙光、浪潮、用友等国内外大型ICT企业的积极参与，推动了云计算在各大行业的应用落地，也为云服务应用市场未来持续快速发展打下了坚实基础。

1.4　云计算的定义与特点

基于不同的理解，人们对云计算给出多种定义与注解。通俗地说，云计算可以被理解为通过互联网连接的远程计算机，对信息数据的存储、处理和利用。这意味着云计算用户不需要进行大量的资源投入，通过互联网连接的任何计算机，就可以获取所希望的、理论上无限的信息数据需求和运行计算。

云计算的
定义与特点

1.4.1　云计算的定义

云计算（Cloud Computing）是基于互联网的相关服务的增加、使用和交付模式，通常涉及通过互联网来提供动态易扩展且经常是虚拟化的资源。云是网络、互联网的一种比喻说法。过去在图中往往用云来表示电信网，后来也用来表示互联网和底层基础设施的抽象。云计算可以让用户体验每秒10万亿次的运算能力，拥有这么强大的计算能力可以模拟核爆炸、预测气候变化和市场发展趋势。用户通过计算机、笔记本电脑、手机等方式接入数据中心，按自己的需求进行运算。

云计算没有统一的定义和标准。下面列出美国国家标准与技术研究院（National Institute of Standards and Technology，NIST）、维基百科、中国科学技术大学陈国良院士、中国电子学会云计算专家委员刘鹏教授给出的云计算的定义。

1. 美国国家标准与技术研究院给出的定义

云计算是一种按使用量付费的模式，这种模式提供可用的、便捷的、按需的网络访问，进入可配置的计算资源共享池（资源包括网络、服务器、存储、应用软件、服务），这些资源能够被快速提供，只需投入很少的管理工作，或与服务供应商进行很少的交互。

2. 维基百科给出的定义

云计算是一种动态的、易扩展的且通常互联网提供虚拟化的资源计算方式，用户不需要了解云内部的细节，也不必具有云内部的专业知识或直接控制基础设施。

3. 中国科学技术大学陈国良院士给出的定义

云计算是基于当前相对成熟与稳定的互联网的新型计算模式，即把原本存储于个人计算机、移动设备等个人设备上的大量信息集中在一起，在强大的服务器端协同工作。

4. 刘鹏教授给出的长、短定义

中国电子学会云计算专家委员刘鹏教授对云计算给出了长、短两种定义。长定义是："云计算是一种商业计算模型。它将计算任务分布在大量计算机构成的资源池上，使各种应用系统能够根据需要获取计算力、存储空间和信息服务。"短定义是："云计算是通过网络按需提供可动态伸缩的廉价计算服务。"

云计算将计算任务分布在大量计算机构成的资源池上，使各种应用系统能够根据需要获取计算力、存储空间和各种软件服务。这种资源池称为"云"。"云"是一些可以自我维护和管理的虚拟计算资源，通常为一些大型服务器集群，包括计算服务器、存储服务器、宽带资源等。云计算将所有的计算资源集中起来，并由软件实现自动管理，无须人为参与。之所以称为“云”，是因为它在某些方面具有现实中云的特征：云一般都较大；云的规模可以动态伸缩，它的边界是模制的；云在空中飘忽不定，你无法也无须确定它的具体位置，但它确实存在于某处。

“端”指的是用户终端，可以是个人计算机、智能终端、手机等任何可以连入互联网的设备。

云计算的一个核心理念就是通过不断提高“云”的处理能力，进而减少用户“端”的处理负担，最终使用户“端”简化成一个单纯的输入/输出设备，并能按需享受“云”的强大计算处理能力。

1.4.2 云计算的特点

1. 可靠性较强

云计算技术主要是通过冗余方式进行数据处理服务。在大量计算机机组存在的情况下，系统中所出现的错误会越来越多，而通过冗余方式则能够降低错误出现的概率，同时保证数据的可靠性。

2. 服务性

从广义角度上来看，云计算本质上是一种数字化服务，同时这种服务较以往的计算机服务更具有便捷性，用户在不清楚云计算具体机制的情况下，就能够得到相应的服务。

3. 可用性高

云计算技术具有很高的可用性。在存储上和计算能力上，云计算技术相比以往的计算机技术具有更高的服务质量，同时在节点检测上也能做到智能检测，在排除问题的同时不会对系统造成任何影响。

4. 经济性

云计算平台的构建费用与超级计算机的构建费用相比要低很多，但是在性能上基本持平，这使得开发成本能够得到极大的节约。

5. 多样性服务

用户在服务选择上将具有更大的空间，通过缴纳不同的费用来获取不同层次的服务。

6. 编程便利性

云计算平台能够为用户提供良好的编程模型，用户可以根据自己的需要进行程序制作，这样便为用户提供了巨大的便利性，同时也节约了相应的开发资源。

1.5 实践任务

1.上智联招聘或前程无忧网等招聘网站，搜索云计算相关的工作岗位及其任职要求，总结归纳出云计算相关的4个主要职业岗位及其任职要求，并填写到下表中。

序　　号	岗位名称	任职要求	主要任务
1			
2			
3			
4			

2．在网上搜索各种解释云计算定义的相关比喻，以小组为单位研讨云计算的内涵，比较哪一种比喻最贴切。请列举出你所体验或理解的云应用，并试着填写下表。

序　　号	应用领域	应用名称	主要任务
1			
2			
3			

小　　结

云计算作为一种新型的计算模式，利用调整互联网的传输能力将数据的处理过程从个人计算机或服务器转移到互联网上的计算机集群中，带给用户前所未有的计算能力。云计算的产生与发展，使用户的使用观念发生了彻底的变化，他们不再觉得操作复杂，他们直接面对的将不再是复杂的硬件和软件，而是最终的服务。云计算将计算任务分布在计算机集群架构的资源池上，使各种应用系统能够根据需要获取计算力、存储空间和各种软件服务。云计算不仅大大降低了计算的成本，而且也推动了互联网技术的发展，在不久的将来一定会有越来越多的云计算系统投入使用。通过本章的学习，读者应该对云计算有大体的了解，为后面的章节学习做好铺垫。

习　　题

一、选择题

1．以下不属于大数据的基本特征的是（　　）。

A．价值密度低　　B．数据类型繁多

C．访问时间段　　D．处理速度快

2．谷歌提出云计算概念的时间是(　　)。

A．2006 年 8 月　　B．2006 年 9 月

C．2007 年 8 月　　D．2007 年 9 月

3.（多选）云计算能够给企业IT系统带来的价值有（　　）。

A. 资源复用，提高资源利用率

B. 统一维护，降低维护成本

C. 快速弹性，灵活部署

D. 数据集中，信息安全

4. 互联网就是一个超大云，这样的描述是（　　）的。

A. 正确　　B. 错误

5. 中小企业云、电信云属于（　　）。

A. 基础设施层　　B. 运行支撑层

C. 应用服务层　　D. 平台与软件层

二、填空题

1. 我国云计算生态系统主要涉及______、______、______、______和______5个方面。

2. 云计算的特点有____。

3. 云基础设施指云计算平台的核心硬件设备如服务器、存储系统、网络设备和机房附属设施所组成的____________________________。

三、简答题

1. 简述云计算的概念。

2. 云计算有什么特点?

3. 简述云计算的产业链包括了哪几个方面。

4. 简述是什么推动了云计算的发展。

5. 美国国家标准与技术研究院和维基百科如何定义云计算?

6. 简述中国电子学会云计算专家委员刘鹏教授对云计算给出的长、短两种定义。

7. 简述应用服务层的组成及其作用。

第2章 云计算基础

本章主要介绍云计算的各种基础知识，包括常见的云计算服务、云计算的部署模式、云计算的优点和面临的挑战以及云计算的架构。通过本章的学习，能让读者对云计算有一个基本的认识。

2.1 云计算服务概述

云计算概念自从被提出之日起，便因其极具革新的理念而被业界广泛关注，因而成为整个IT行业中最热门的核心话题。如同名字中所有包含的“云”一样，云计算的概念牵涉之多、覆盖之广，可以说是整个IT行业中之前的任何新概念和新技术都无可比拟的。

云计算服务概述

云计算基本理念是：一切皆是服务（Everything as a Service）。任何通过网络能够提供给用户服务都可以成为云计算的应用形式，而用户在使用这些服务时采取“租用”（Pay Per User）的形式进行付费。

从形式上看，云以数据中心的形式存在，而数据中心由大规模的计算机集群和管理这些机器、能够为用户提供特定计算服务的软件组成。在云中，所有的资源、平台和软件都可以作为服务来提供。由于用户可以租用服务，省却了自己购买机器、平台和开发软件的费用，因此，云计算有着节省成本、快速服务、提高管理效率等优势。

从技术层角度看，云计算是分布式处理①（Distributed Computing）、并行处理②（Parallel Computing）和网格计算③（Grid Computing）几种技术的进一步深入发展和综合的结果。同时，Intel、AMD等芯片公司在硬件虚拟化层面技术的进步，VMware、KVM等在软件层面上虚拟化技术的发展，Web 2.0的出现，以及数据中心虚拟化技术的成熟，都是推动云计算出现的必要因素，其相关技术组成如图2-1所示。

---

① 分布式处理是将不同地点的，或具有不同功能的，或拥有不同数据的多台计算机通过通信网络连接起来，在控制系统的统一管理控制下，协调地完成大规模信息处理任务的计算机系统。

② 并行处理是利用多个功能部件或多个处理机同时工作来提高系统性能或可靠性的计算机系统，这种系统至少包含指令级或指令级以上的并行。

③ 网格计算是分布式计算的一种，是一门计算机科学。它研究如何把一个需要非常巨大的计算能力才能解决的问题分成许多小的部分，然后把这些部分分配给许多计算机进行处理，最后把这些计算结果综合起来得到最终结果。

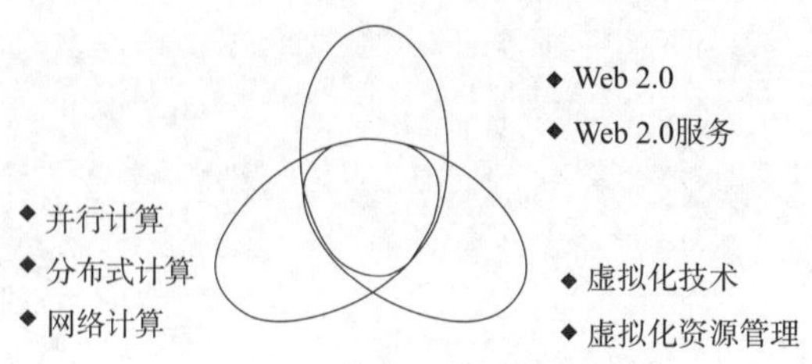

图2-1　云计算的相关技术组成

目前，Google、Microsoft、IBM等一些国际大公司都已建立了自己庞大的云计算中心，在这些IT巨头的推动下，云计算正在以空前的态势迅速发展，并已经成为很多企业增长最快的业务之一。而Amazon、Youtube这些著名的电子商务公司的积极参与，进一步推动着云计算的发展，在可预见的未来，云计算将持续出现蓬勃发展的局面。

云计算的核心是提供服务，因此，云计算也称作“云计算服务”。目前学术界和企业界提出的云计算服务包罗万象，有：AaaS（Architecture as a Service，体系结构即服务），CaaS（Computing as a Service，计算即服务），DaaS（Data as a Service，数据即服务），DBaaS（Database as a Service，数据库即服务），HaaS（Hardware as a Service，硬件即服务），IaaS（Infrastructure as a Service，基础设施即服务），OaaS（Organization as a Service，组织即服务），SaaS（Software as a Service，软件即服务），PaaS（Platform as a Service，平台即服务），TaaS（Technology as a Service，技术即服务）等。

但根据云计算的发展来看，从用户体验的角度主要有SaaS、PaaS、IaaS三种，如图2-2所示。

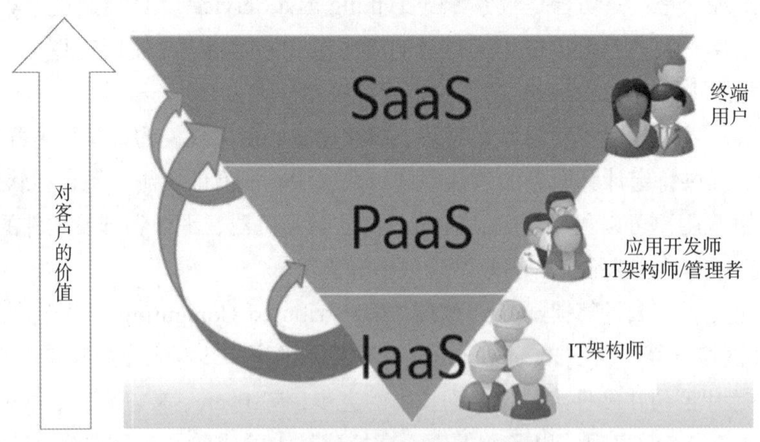

图2-2　云计算按照用户角色分类

2.1.1　软件即服务（SaaS）

SaaS是一种通过Internet提供软件的模式，用户无须购买软件，而是向提供商租用基于Web的软件来管理企业经营活动。例如：阳光云服务器。

SaaS平台是运营SaaS软件的平台。SaaS提供商为企业搭建信息化所需要的所有网络基础设施及软件、硬件运作平台，并负责所有前期的实施、后期的维护等一系列服务，企业无须购买软硬件、建设机房、招聘IT人员，即可通过互联网使用信息系统。SaaS 是一种软件布局模型，其应用专为网络交付而设计，便于用户通过互联网托管、部署及接入。

SaaS 是一种软件布局模型，其应用专为网络交付而设计，便于用户通过互联网托管、部署及接入。SaaS 应用软件的价格通常为“全包”费用，囊括了通常的应用软件许可证费、软件维护费以及技术支持费，将其统一为每个用户的月度租用费。对于广大中小型企业来说，SaaS是采用先进技术实施信息化的最好途径。但SaaS绝不仅仅适用于中小型企业，所有规模的企业都可以从SaaS中获利。

SaaS已成为软件产业的一个重要力量。只要SaaS的品质和可信度能继续得到证实，它的魅力就不会消退。SaaS是随着互联网技术的发展和应用软件的成熟，而在21世纪开始兴起的一种完全创新的软件应用模式。它与“on-demand software”（按需软件），the application service provider（ASP，应用服务提供商），hosted software（托管软件）具有相似的含义。它是一种通过Internet提供软件的模式，厂商将应用软件统一部署在自己的服务器上，客户可以根据自己实际需求，通过互联网向厂商订购所需的应用软件服务，按订购的服务多少和时间长短向厂商支付费用，并通过互联网获得厂商提供的服务。用户不用再购买软件，而改用向提供商租用基于Web的软件来管理企业经营活动，且无须对软件进行维护，服务提供商会全权管理和维护软件，软件厂商在向客户提供互联网应用的同时，也提供软件的离线操作和本地数据存储，让用户随时随地都可以使用其订购的软件和服务。对于许多小型企业来说，SaaS是采用先进技术的最好途径，它消除了企业购买、构建和维护基础设施和应用程序的需要。

2.1.2　平台即服务（PaaS）

PaaS是指将软件研发的平台作为一种服务，以SaaS的模式提交给用户。因此，PaaS也是SaaS模式的一种应用。但是，PaaS的出现可以加快SaaS的发展，尤其是加快SaaS应用的开发速度。例如，软件的个性化定制开发。在2007年国内外SaaS厂商先后推出自己的PaaS平台。PaaS之所以能够推进SaaS的发展，主要在于它能够提供企业进行定制化研发的中间件平台，同时涵盖数据库和应用服务器等。PaaS可以提高在Web平台上利用的资源数量。例如，可通过远程Web服务使用Daas（数据即服务），还可以使用可视化的API。用户或者厂商基于PaaS平台可以快速开发自己所需要的应用和产品。同时，PaaS平台开发的应用能更好地搭建基于SOA架构①的企业应用。

PaaS平台通过网络进行程序提供的服务称之为SaaS，而云计算时代相应的服务器平台或者开发环境作为服务进行提供就成为了 PaaS(Platform as a Service)。

事实上，PaaS是位于IaaS和SaaS模型之间的一种云服务，它提供了应用程序的开发和运行环境。IaaS主要提供了虚拟计算、存储、数据库等基础设施服务，SaaS为用户提供了基于云的应用，PaaS则为开发人员提供了构建应用程序的环境。借助于PaaS服务，无须过多地考虑底层硬件，就可以方便地使用很多在构建应用时的必要服务，比如安全认证等。

不同的PaaS服务支持不同的编程语言，比如.Net、Java、Ruby等，而有些PaaS支持多种开

① SOA架构：面向服务的体系结构，是一个组件模型，它将应用程序的不同功能单元（称为服务）通过这些服务之间定义良好的接口和契约联系起来。接口是采用中立的方式进行定义的，它应该独立于实现服务的硬件平台、操作系统和编程语言。这使得构建在这样的系统中的服务可以以一种统一和通用的方式进行交互。

发语言。由于PaaS层位于IaaS和SaaS之间，所以很多IaaS及SaaS服务商很自然地就在本身的服务中加入了PaaS，打造成一站式的服务体系。

2.1.3 基础设施即服务（IaaS）

IaaS是将基础设施作为一种服务提供给用户使用，包括处理器计算能力、存储空间、网络带宽和其他基本的计算资源。用户无须购买服务器、网络设备、存储设备，只需租用IaaS服务，即可部署和运行应用程序，包括用户的操作系统和各种应用软件。这些具体的基础设施的运行和维护由提供商进行，用户只需付费使用即可。IaaS的典型代表有：亚马逊的EC2／S3／SQSSE服务和IBM的蓝云服务。表2-1列出了云计算三种服务模式在服务内容和盈利模式方面的对比。

表2-1　云计算三种服务模式的比较

服务类别	服务内容	盈利模式	实　例
SaaS	互联网Web 2.0应用；企业应用、电信业务、网页寄存等	提供满足最终用户需求的业务，按使用收费	Salesforce CRM、Rightnow CRM、Office 365
PaaS	提供应用运行和开发环境；提供应用开发的组件	将IT资源、Web通用能力、通信能力打包出租给应用开发和运营者，按照使用收费	Microsoft Azure的Visual Studio工具、Google App Engine
IaaS	出租计算、存储、网络等IT资源	按照使用收费；通过规模获取利润	Amazon EC2云主机

2.1.4 SaaS、PaaS和IaaS之间的关系

IaaS为用户提供虚拟计算机、存储、防火墙、网络、操作系统和配置服务等网络基础架构部件，用户可根据实际需求扩展或收缩相应数量的软硬件资源，主要面向企业用户。

Paas是一套平台工具，用户可以使用平台提供的数据库、开发工具和操作系统等开发环境进行开发、测试和部署软件，主要面向应用程序研发人员，有利于实现快速开发和部署。

SaaS通过互联网，为用户提供各种应用程序，直接面向最终用户。服务提供商负责对应用程序进行安装、管理和运营，用户无须考虑底层的基础架构及开发部署等问题，可直接通过网络访问所需的应用服务。SaaS服务可基于Paas平台提供，也可直接基于Iaas提供。易观分析认为，IaaS是云计算服务的底层基础架构，为PaaS和SaaS服务提供硬件和平台服务，PaaS是基于SaaS应用而提供的一个软件开发环境，可以为开发者提供数据处理、编程模型及数据库管理等服务。SaaS是基于互联网的快速发展而产生的面向最终用户的产品服务模式，通过SaaS模式，用户可直接享受Web端的各类产品应用及服务，与传统软件服务模式相比，SaaS模式具备成本低、迭代快、种类丰富等特征。

SaaS、PaaS和IaaS三者之间没有必然的联系，只是三种不同的服务模式都是基于互联网，按需按时付费，就像水、电、煤气一样。从用户体验角度而言，它们之间的关系是独立的，因为它们面对的是不同的用户。从实际的商业模式角度而言,PaaS的发展确实促进了SaaS的发展，因为提供了开发平台后，SaaS的开发难度降低了。从技术角度而言，三者并不是简单的继承关系，因为IaaS可以基于PaaS或者直接部署于IaaS之上，其次PaaS也可以构建于IaaS之上，也可以直接构建在物理资源之上。

2.2　云计算部署

云计算按部署模式可分为三种：公有云、私有云和混合云，如图2-3所示。

图2-3　云计算按部署模式分类

2.2.1　公有云

公有云用户以付费的方式，根据业务需要弹性使用IT分配的资源，用户不需要自己构建硬件、软件等基础设施和后期维护，在任何地方、任何时间、多种方式、以互联网的形式访问获取资源。公有云如同日常生活中按需购买使用的水、电一样，用户可方便、快捷地享受服务。当今有很多公有云提供商，如亚马逊云 Amazon Web Services（AWS）、微软云 Azure、阿里云和腾讯云等。

亚马逊的AWS提供了大量基于云的全球性产品，包括计算、存储、数据库、分析、联网、移动产品、开发人员工具、管理工具、物联网、安全性和企业级应用程序。亚马逊AWS提供了安全、可靠且可扩展的云服务平台，这些服务可帮助企业或组织快速发展自己的业务、降低IT成本，使来自中国乃至全球的众多客户从中获益。

2.2.2　私有云

私有云一般由一个组织来使用，同时由这个组织来运营。自己组建数据中心为组织内部使用，自己是运营者，同时也是使用者，也就是说使用者和运营者是一体的。下面以 VMware vCloud Suite和微软的 System Center两款私有云产品为例，简要介绍它们的功能。

1. VMware vCloud Suite

VMware是全球领先的虚拟化解决方案提供商，作为IT领域和虚拟化技术的全球领导者，VMware虚拟化解决方案可对用户的硬件资源进行有效整合，简化管理，提升硬件资源的利用率。

VMware vCloud Suite是构建企业云平台的解决方案，可构建和管理基于软件定义数据中心的 VMware vSphere企业私有云，VMware vSphere是业界领先的虚拟化平台，实现高可用的、可扩展的并按需分配的企业硬件IT基础架构，是云计算理想的基础平台。它能够跨数据中心，提供虚拟化解决方案，可在简化IT操作的同时，为所有应用提供SLA（ Service-Level Agreement）等级服务。它有助于对企业私有云实现敏捷、高效以及智能化的运营管理，在保证适当的安全性和可用性下，可在数分钟内提供数据中心的虚拟化应用服务。VMware vCloud Suite通过对底层服务器硬件及存储资源实现虚拟化聚合部署，配合以云计算管理平台，实现云计算中基础架构即服务IaaS部分，同时该IaaS平台也为更高层次的云计算服务，如PaaS、SaaS服务提供了良好的基础平台，且具有很高的自适应性和扩展空间，如图2-4所示，包括以下主要功能模块。

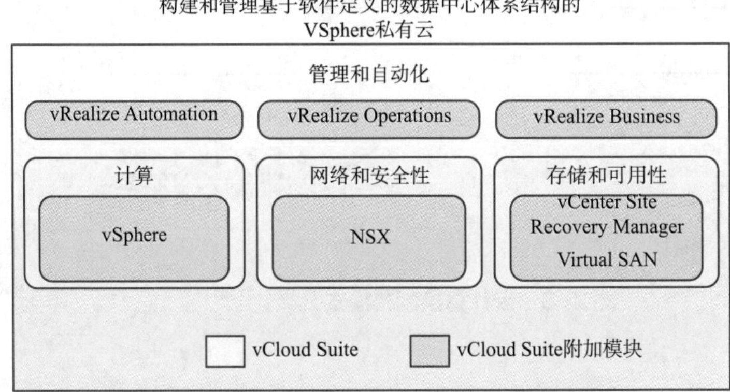

图2-4　VMware vCloud Suite私有云

（1）云计算基础架构

云计算基础架构是基于 vSphere构建起来的虚拟化基础架构，提供了一个功能完整的、标准开放的、方便集成的IaaS服务层，提供的动态基础架构是整个云计算服务的核心支撑层。

（2）云计算服务门户

云计算平台的所有基础架构服务提供统一的自助服务，主要通过 VMware vCloud Director产品来完成。根据整个系统的设计，包括服务请求和自动部署等自助服务。

（3）VMware NSX

VMware NSX是专为软件定义数据中心构建的网络虚拟化平台，将硬件处理的网络连接和安全功能嵌入到 Hypervisor中，根本上转变了数据中心的网络运维模式。它提供一套完整的虚拟网络架构，其中包括逻辑交换、路由、防火墙、负载均衡、VPN等，对于虚拟网络，VMware NSX可以独立于底层硬件以编程的方式对其进行调配和管理。

（4）云计算安全防护

云计算安全防护是指通过部署 VMware VCNS安全解决方案，帮助用户建立一个既能充分利用云计算的各种优势，又能保障数据安全性的环境，为其虚拟数据中心和云计算环境提供安全保护，包括虚拟防火墙、VPN、负载均衡和 VXLAN扩展网络。VMware VCNS使用户可以对应用程序和数据安全加以防护。

（5）VMware VSAN

VMware VSAN是利用X86架构的服务器实现软件定义存储和分布式存储的软件。它可为虚拟化的应用（包括关键业务应用）提供企业级高性能存储，大幅降低总体存储成本，它与VMware vSphere和整个 VMware体系无缝集成，因而成为适合虚拟机的最简单的存储平台。

（6）云计算灾难恢复

云计算灾难恢复是指能够自动测试和执行灾难恢复。它能确保为各种虚拟化应用提供最简单、最实惠和最可靠的灾难保护。

近几年来，随着软件定义网络、软件定义存储、软件定义数据中心等概念的兴起，超融合基础架构市场持续升温，并深入走向应用和落地，它将成为主导未来数据中心及企业私有云的中坚力量。

2. 微软 System Center 私有云

System Center 提供了本地企业环境与 Windows Azure集成的各种服务，可以让企业轻松地从本地环境迁移到微软 Azure公有云。它包括基础设施管理和 DevOps 的资源配置、监控、自动化、端点保护和备份与恢复。System Center有助于数据中心现代化的转型。System Center 其中的操作管理套件（Operations Management Suite，OMS），提供与任何数据中心或云平台混合部署的功能，管理几乎所有的基础设施平台，包括本地资源、Azure和AmazonWeb服务云和支持运行 Windows Server、Linux、VMware或 OpenStack。System Center架构如图2-5所示。

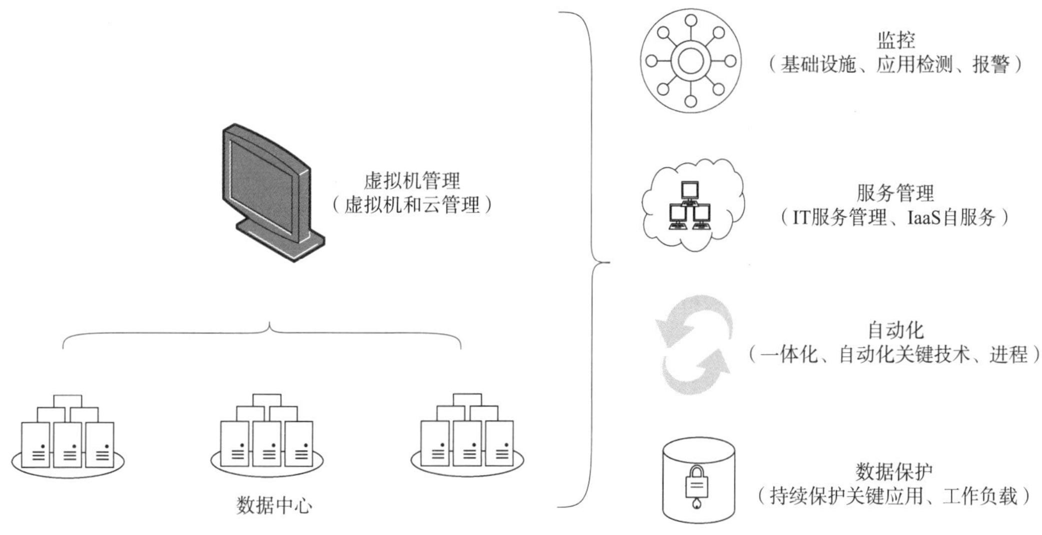

图2-5　System Center架构

System Center提供的监控包括 Windows Server、UNIX、RedHat/SUSE Linux、Oracle Solaris、HP-UX和 IBM AIX等系统的各种健康状态，如各种硬件资源和系统主要性能指标监控等。System Center使用 PowerShell脚本语言对基础设施的安装、部署、配置实现脚本自动化，无论是在企业内部还是在云端都可以定义自动化进程进行操作，从而减少重复性的手工操作和其他管理任务。System Center数据防护管理模块（DPM）为数据提供统一的备份和恢复，包括传统的磁带存储、物理或虚拟磁盘或云中数据。System Center新的自服务Web管理平台，提供页面缓存减少数据访问量，支持Lync 2013和 Skype for Business与联系人发送即时消息，管理平台基于事件请求，用户可自定义标准的模板，方便用户提交数据。

System Center是微软提供的私有云操作平台，实现企业的数据中心向私有云转型，使企业数据中心更可靠、可扩展、弹性地满足企业不断增长的业务需求。

2.2.3 混合云

混合云是把公有云和私有云进行整合，吸纳二者的优点，给企业带来真正意义上的云服务。混合云是未来云发展的方向，未来将是混合云的世界。混合云既能利用企业在IT基础设施的巨大投入，又能解决公有云带来的数据安全等问题，是避免企业变成信息孤岛的最佳解决方案。混合云强调基础设施是由两种或多种云组成的，但对外呈现的是个完整的整体。企业正常运营时，把重要数据保存在自己的私有云里面（如财务数据），把不重要的信息或需要对公众开放的信息放到公有云里，两种云组合形成一个整体，这就是混合云。

混合云的利器是 OpenStack，它把各种云平台资源进行异构整合，推出企业级混合云，使企业可以根据自己需求灵活自定义各种云服务。在搭建企业云平台时，使用OpenStack架构是最理想的解决方案，虽然入门门槛较高，但是随着项目规模的扩大，企业将从中受益，因为不必支付云平台中软件的购买费用。

混合云计算的典型案例是12306火车票购票网站。12306火车购票网站与阿里云签订战略合作，由阿里云提供计算能力以满足业务高峰期查票检索服务，而支付业务等关键业务在12306自己的私有云环境之中运行。两者组合成一个新的混合云，对外呈现还是一个完整的系统12306火车购票网站。

2.3 云计算的优点及挑战

2.3.1 云计算的优点

云计算的
优点及挑战

1. 经济实惠

因为数据计算、数据维护、数据存储都在云端进行，所以对于租用云计算服务的企业和用户来讲，无须再花大量成本来建设和维护自己的数据中心，节约了一大笔高昂的设备购置费用，并且不用担心设备的淘汰和升级问题。以亚马逊为例，其云计算产品价格相当便宜，吸引了大批中小企业，甚至纽约时报、红帽等大型公司。

亚马逊提供每GB的存储收费15美分，服务器的租用则是每小时10美分。在2008年全球金融危机的背景下，云服务的势头如此强劲，其成本效益是功不可 没的。

2. 方便易用

在云模式下，用户可以根据自己的需求和喜好来定制服务、应用和平台，而不必记住资源的具体位置，相关的资源存储在“云”中，用户在任何时间、任何地点都能以某种便捷、安全的方式获得云中的相关信息或服务。虽然云由大量的计算机组成，但对用户来说，他只看到一个统一的“服务”界面，感觉就像使用本地计算机一样方便。

3. 资源整合

传统的模式下，各个企业和政府机构的信息化建设都是自己开发程序、购买服务器和建设计算中心，而这些设备往往大部分时间都是闲置的，且数字资源难以共享。而云计算本身就是对大量IT资源的整合，构成庞大的资源池，资源统一灵活调配。在云模式下，通过租用云计算服务，各自为政的信息资源建设模式将会彻底改变，全球资源可以高度整合，可以实现真正意义上的共享。不管是物理意义上的计算资源还是数字信息资源，云计算对资源整合之后再重新配置，发挥了更大的经济效益和社会效益。

4. 安全性更高

由于云计算服务商都是大型企业，有专业的团队来维护数据安全，比起以往中、小企业及个人用户自己维护数据安全，大大增强了资源的安全性和可靠性。同时，云计算使用数据多副本容错、计算节点同构技术，保障了服务的高可靠性，使用云计算比使用本地计算机更可靠。

5. 超强计算能力

云计算服务商都具有相当大的规模，Amazon、IBM、微软、Yahoo等公司的“云”均拥超强计算，拥有200多万台服务器。正是因为Google拥有超大规模的服务器群，才造就了它搜索引擎霸主的地位。云计算的这种大规模使其具有超强的计算能力，而用户通过租用这些云计算服务，也就相当于拥有了具备超强计算能力的计算中心。

6. 绿色环保

云计算的出现，将使无数企业不再需要建设自身的信息中心，完成定量的计算任务所需使用的服务器数量比以前大大减少，为实现低碳经济、节能减排发挥了很大的作用，并通过虚拟机技术和虚拟化资源管理技术，实现计算能力的自动伸缩扩展。对于无须使用的服务器，可以使其自动处于休眠状态，意味着减少热量产生，节约电能，降低污染。因此，云计算拥有低能耗、低污染、高性能、高效益的品质，在全球倡导低碳经济之时，云计算成了“绿色”IT技术。

云计算的迅猛发展，为企业和用户带来了极大的便利，同时也因为其自身的特点，产生了一系列的问题，如数据安全、云计算标准、隐私权及知识产权等。必须妥善地解决这些问题，才能促使云计算更好地发展。

2.3.2　云计算服务面临的问题

1. 数据安全问题

2009年7月至8月，Google的云计算平台频频发生故障，2009年4月，微软Azure云计算平台彻底崩溃，使不少用户丢失了重要的数据。在RSR Conference 2010信息安全国际论坛上，云计算的安全问题成为会议关注的焦点；2010年，中国云计算联盟列出了云计算安全“七宗罪”，包括数据丢失／泄露、共享技术漏洞、内奸、不安全的应用程序接口、没有正确地运用云计算等。

云计算的一大优势就是数据集中处理，在为用户提供服务的同时，资源高度集中的云中心也最容易成为黑客的攻击目标。如何做到云数据中心不受病毒侵袭，不遭黑客攻击，不受木马威胁，是目前各界普遍关心的问题。尤其是金融机构和政府部门更为关注数据安全这一核心问题。

数据毁灭是一个偶发性问题，一般由不可抗的自然因素所引起。日本福岛地震导致东京数家云计算中心数据丢失向灾备系统敲响了警钟，云计算中心如何防范和抵御灾难所带来的毁灭性打击，数据灾难备份方案是云计算中心必须慎重考虑的问题。

2. 云计算标准问题

如今，全球各大IT巨头都争相投入云计算的建设浪潮之中，但往往是各自为政，无统一架构方案和统一服务标准，这使用户在云服务商之间切换的复杂性大大增加，也带来了切换成本。没有统一的标准，云服务项目之间的可替代性差，用户选择服务商的自由会受到限制，给云服务的普及带来了阻力。云计算时代的可替代性问题即标准问题是每个云服务商共同面对并需合力解决的课题。只有建立了共同的开放式云计算标准，云计算的用户才有可能实现在云服务商之间的零成本自由转移，云服务才有可能更加良性地发展，信息资源的共享才有了实现的前提。

3. 隐私权、知识产权问题

隐私权问题主要来自两个方面：一是来自第三方，譬如黑客攻击导致数据泄露；二是来自云服务提供方，由于数据封装及传输协议的开放性，“云”中的数据对于服务提供方的技术和管理人员来说可能是透明的。云计算的应用带来的另一问题是知识产权问题，譬如用户依法拥有被托管数据的知识产权，即他人无权修改、删除、管理这些内容，但云服务商可能会因为管理维护需要对这些数据进行加工修改或者删除。

这些问题对个人和企业来讲，都是非常重要的。分析当前云服务提供商的服务合同，不难发现，服务提供商并不认可数据所有者泄密事件的任何法律责任或义务，也不对任何事件作出承诺。对于用户来说，选择云服务所面临的隐私泄露风险，缺乏主体责任担当和制度上的保障，这会在很大程度上影响用户对云服务的信心。

2.4 云计算架构

云计算的架构通常可以分为4个部分，它们由下至上分别是：IaaS、PaaS、SaaS和云客户端，如图2-6所示。

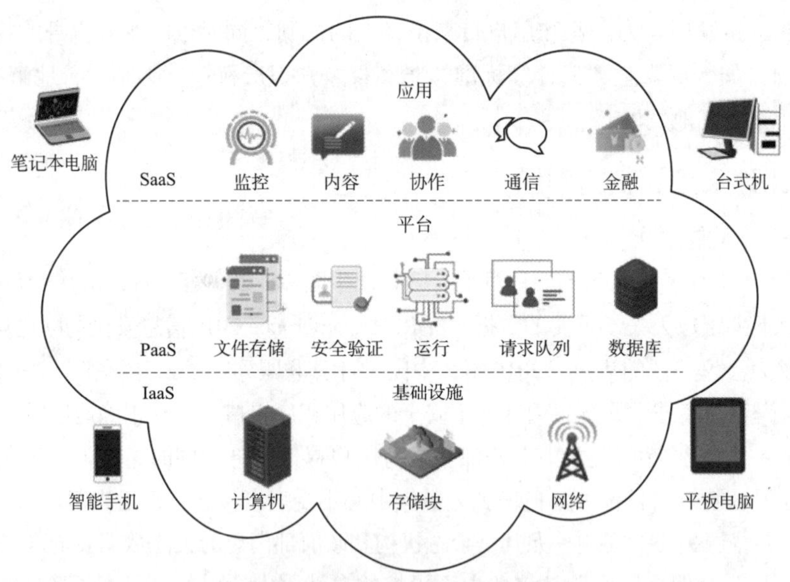

图2-6 云计算的参考架构示意图

① IaaS: Infrastructure-as-a-Service(基础设施即服务)主要是指包括计算机基础设施（如计算、网络等）和虚拟化的平台环境等。有了IaaS，用户可以将硬件外包出去。IaaS公司会提供场外服务器，存储和网络硬件，用户可以租用，节省了维护成本和办公场地，公司可以在任何时候利用这些硬件来运行其应用。一些大的IaaS公司包括Amazon,、Microsoft、VMWare、Rackspace和Red Hat.不过这些公司又都有自己的专长，比如Amazon和微软提供的不只是IaaS，他们还会将其计算能力出租。

② PaaS：Platform-as-a-Service(平台即服务)主要指，即将直接提供计算平台和解决方案作为服务，以方便应用程序部署，从而帮助用户节省购买和管理底层硬件和软件的成本。第二层就是所谓的PaaS，又称中间件。公司所有的开发都可以在这一层进行，节省了时间和资源。PaaS公司在网上提供各种开发和分发应用的解决方案，比如虚拟服务器和操作系统。这节省了在硬件上的费用，也让分散的工作室之间的合作变得更加容易。网页应用管理、应用设计、应用虚拟主机、存储、安全以及应用开发协作工具等。一些大的PaaS提供者有Google App Engine、Microsoft Azure、Force.com、Heroku、Engine Yard。最近兴起的公司有AppFog,Mendix和Standing Cloud。

③ SaaS:Software-as-a-Service(软件即服务)第三层也就是所谓SaaS。这一层是和生活每天接触的一层，大多是通过网页浏览器来接入。任何一个远程服务器上的应用都可以通过网络来运行。消费的服务完全是从网页如Netflix、MOG、Google Apps、Box.net、Dropbox或者苹果的iCloud那里进入这些分类。尽管这些网页服务是用作商务和娱乐或者两者都有，但这也算是云技术的一部分。一些用作商务的SaaS应用包括Citrix的Go To Meeting，Cisco的WebEx，Salesforce的CRM，ADP，Workday和SuccessFactors。

④ 云客户端：主要指为使用云服务的硬件设备（台式机、笔记本电脑、手机、平板电脑等）和软件系统（如浏览器等）。

2.5 实践任务

1．根据自身学习和生活的需要，选择一款SaaS服务产品进行体验使用，并比较SaaS服务与传统的本地软件系统应用的异同。

2．尝试了解自己所在学校网络中心现在的基础实施设备（主机、网络、存储等）情况，并根据未来发展的需要，选择一家IaaS提供商，尝试确定购买（租用）IaaS服务。

3．进一步了解国内SaaS、PaaS和IaaS厂商及其主要产品（服务）情况。

4．尝试开通个人云存储服务。

小　结

本章分别介绍有关云计算的基础知识及云计算的一些关键技术和应用，并总结云计算在发展过程中的优势和面临挑战。通过对本章的学习，读者在概论的基础上可以对云计算建立详细的知识框架。云计算是当今IT技术发展的一个相对高级的阶段，促进IT技术的全面发展，甚至是引发某种理论上的突破，对今后的学习具有较大的意义。

习　题

一、选择题

1．常用的云计算提供的服务有（　　）。

A．SaaS　　B．PaaS　　C．IaaS　　D．以上都是

2．与SaaS不同，（　　）这种“云”计算形式把开发环境或者运行平台也作为一种服务给用户提供。

A．软件即服务　　B．基于平台服务

C．基于WHEB服务　　D．基于管理服务

3．云计算是对（　　）技术的发展与运用。

A．并行计算　　B．网格计算

C．分布式计算　　D．以上三个选项都是

4．Amazon.com公司通过（　　）计算云，可以让客户通过Webservice方式租用计算机来运行自己的应用程序。

A．S3　　B．HDFS　　C．EC2　　D．GFS

5．将平台作为服务的云计算服务类型是（　　）。

A．IaaS　　B．PaaS　　C．SaaS　　D．以上三个选项都是

6．IaaS是（　　）的简称。

A．软件即服务　　B．平台即服务

C．基础设施即服务　　D．硬件即服务

7．从研究现状上看，下面不属于云计算特点的是（　　）。

A．超大规模　　B．虚拟化　　C．私有化　　D．高可靠性

二、填空题

1．____________实际上是指将软件研发的平台作为一种服务，以SaaS的模式提交给用户。

2．IaaS是将基础设施作为一种服务提供给用户使用，包括____________、____________和其他基本的计算资源。

3．云计算按部署模式可分为：____________。

4．混合云是把____________和____________进行整合，吸纳二者的优点，给企业带来真正意义上的云服务。

5．云计算的组成通常可以分为6个部分，它们由下至上分别是____________。

6．云计算的优点：____________。

7．从技术层角度看，云计算是____________几种技术的进一步深入发展和综合的结果。

三、简答题

1．简述云计算有哪些部署模式。

2．简述云计算三种常见服务模式。

3．云计算服务面临哪些问题？

4．云存储有哪些功能和主要特征？

5．简述云计算的架构。

第3章 虚拟化技术

本章介绍的是虚拟化技术，将对虚拟化的基本技术、发展历史、虚拟化的优缺点、常见虚拟化软件、系统虚拟化等内容进行讲解。通过对本章的学习，能让读者对虚拟化及相关技术有一定的认识。

3.1 虚拟化技术简介

虚拟化技术简介

现在，虚拟化技术处于时代前沿，可以帮助企业升级和管理他们在世界各地的IT基础架构并确保其安全。虚拟化技术可以扩大硬件的容量，简化软件的重新配置过程。CPU的虚拟化技术可以单CPU模拟多CPU并行，允许一个平台同时运行多个操作系统，并且应用程序都可以在相互独立的空间内运行而互不影响，从而显著提高计算机的工作效率。

在计算机中，虚拟化（Virtualization）是一种资源管理技术，是将计算机的各种实体资源，如服务器、网络、内存及存储等，予以抽象、转换后呈现出来，打破实体结构间的不可切割的障碍，使用户可以比原本的组态以更好的方式来应用这些资源。这些资源的新虚拟部分是不受现有资源的架设方式、地域或物理组态所限制。一般所指的虚拟化资源包括计算能力和存储能力。

在实际的生产环境中，虚拟化技术主要用来解决高性能的物理硬件产能过剩和老旧硬件产能过低的重组重用，透明化底层物理硬件，从而最大化地利用物理硬件。

虚拟化，是指通过虚拟化技术将一台计算机虚拟为多台逻辑计算机。在一台计算机上同时运行多个逻辑计算机，每个逻辑计算机可运行不同的操作系统，并且应用程序都可以在相互独立的空间内运行而互不影响，从而显著提高计算机的工作效率。

虚拟化使用软件的方法重新定义划分IT资源，可以实现IT资源的动态分配、灵活调度、跨域共享，提高IT资源利用率，使IT资源能够真正成为社会基础设施，服务于各行各业中灵活多变的应用需求。

虚拟基础架构是云计算的基础。云计算依赖于可扩展的弹性模型来提供IT服务，而该模型本身依赖于虚拟化才可正常工作。

x86架构的计算机硬件被设计为只能运行单个操作系统和单个应用程序，这导致了大多数计算机未得到充分利用。即使安装了众多应用程序，大多数计算机仍无法得到充分利用。在最基本的层次上，通过虚拟化可以在单台物理计算机上运行多个虚拟机，且所有虚拟机可在多种环境下共享该物理计算机的资源。在同一物理计算机上，不同的虚拟机可以独立、并行运行不同的操作系统和多个应用程序，如图3-1所示。

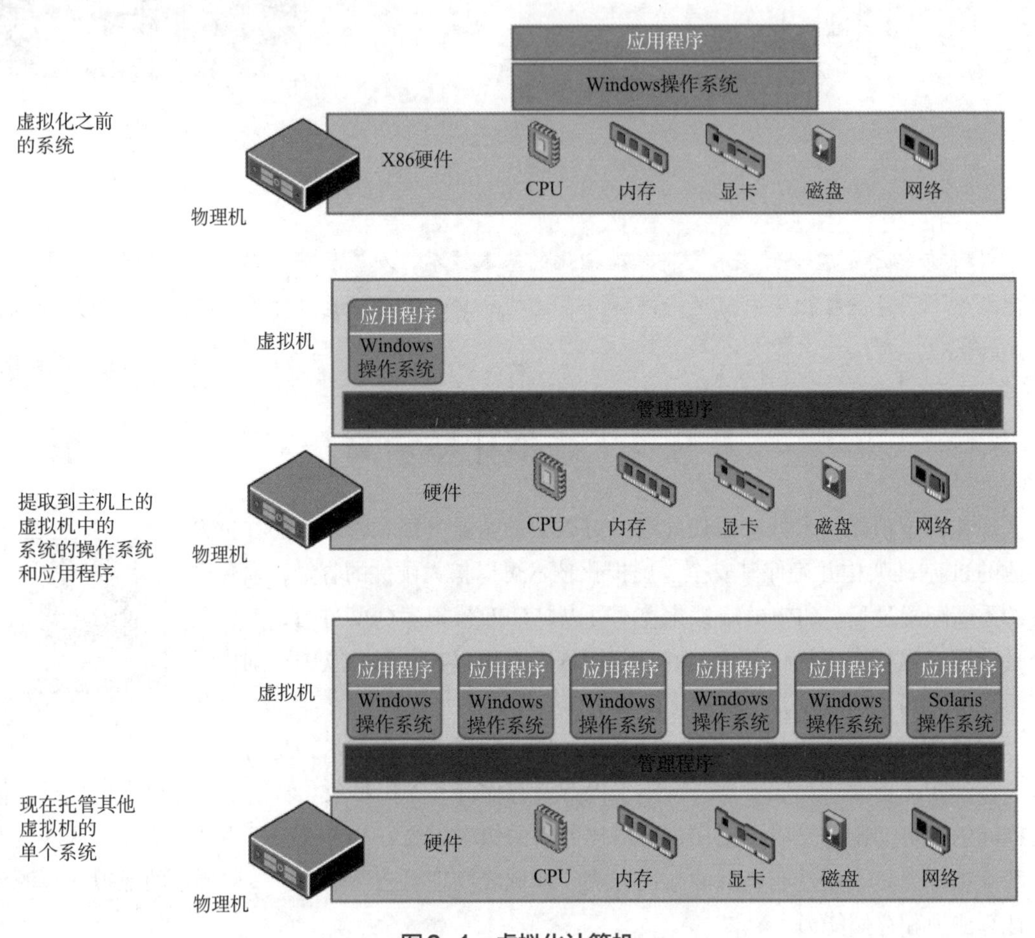

图3-1　虚拟化计算机

虚拟化中一个重要的概念就是Hypervisor，它是一种运行在基础物理服务器和操作系统之间的中间软件层，可允许多个操作系统和应用共享硬件，也可叫作VMM（Virtual Machine Monitor），即虚拟机监视器。

Hypervisor是一种在虚拟环境中的"元"操作系统。它们可以访问服务器上包括磁盘和内存在内的所有物理设备。Hypervisor不但协调这些硬件资源的访问，也同时在各个虚拟机之间施加防护。当服务器启动并执行Hypervisor时，它会加载所有虚拟机客户端的操作系统，同时会分配给每一台虚拟机适量的内存、CPU、网络和磁盘。

3.1.1　虚拟化技术的发展

1961年IBM709机实现了分时系统，将CPU占用切分为多个极短(1/100sec)时间片，每一个时间片都执行着不同的任务。通过对这些时间片的轮询，就可以将一个CPU虚拟化或者伪装成为多个CPU，并且让每一个虚拟CPU看起来都是在同时运行，这就是虚拟机的雏形。后来的system360机都支持分时系统。

1972年IBM正式将system370机的分时系统命名为虚拟机。

1990年IBM推出的system390机支持逻辑分区，即将一个CPU分为若干份(最多10份)，而且每份CPU都是独立的，也就是一个物理CPU可以逻辑地分为10个CPU。

直到IBM将分时系统开源后，个人PC终于迎来了虚拟化的开端，后来才有了各种虚拟机软件的发展。所以至今为止，仍然有一部分虚拟机软件应用分时系统作为虚拟化的基础实现。

操作系统中加入一个虚拟化层（VMM），虚拟化层可以对下层（HostOS）硬件资源（物理CPU、内存、磁盘、网卡、显卡等）进行封装、隔离，抽象为另一种形式的逻辑资源，再提供给上层（GuestOS）使用。所以，VMM其实就是联系HostOS和GuestOS的一个中间件，当然虚拟化可以将一份资源抽象为多份，也可以将多份资源抽象为一份。

通过虚拟化技术实现的虚拟机一般被称之为GuestOS（客户），而作为GuestOS载体的物理主机称之为HostOS（宿主）。

3.1.2 虚拟化的描述

虚拟化不仅是云计算的基础技术，而且还使各种规模的组织在灵活性和成本控制方面有所改善。例如，通过服务器整合，将多台服务器作为虚拟机进行合并，从而使一台物理服务器可以承担多台服务器的工作。另外，虚拟化数据中心还可以简化管理并有效地使用资源。虚拟化数据中心时，对基础架构的管理将变得更为轻松，并且可以更为有效地使用可用的基础架构资源。通过虚拟化，可以创建动态且灵活的数据中心，可以在缩短计划和非计划停机时间的同时通过自动化减少运行费用。

虚拟化是一种过程，它打破了物理硬件与操作系统及在其上运行的应用程序之间的硬性连接。操作系统和应用程序在虚拟机中实现虚拟化之后，便不再因位于单台物理计算机中而受到种种束缚。物理元素（如交换机和存储器）的虚拟等效物在可跨越整个企业的虚拟基础架构内运行。

满足下面几个条件的OS就是虚拟机：

① 安装了Virtual Machine Monitor的软件系统。

② 由VMM提供的高效（>80%）、独立的计算机系统。

③ 拥有自己的虚拟硬件（CPU、内存、网络设备、存储设备）。

④ 对于上层软件，虚拟机就是真实的机器。

3.1.3 虚拟化技术的优势和劣势

虚拟所能提供的优势取决于客户的目标、所选择的特殊虚拟技术以及现有的IT基础架构。并非所有的客户都能够从实现某一特殊虚拟化解决方案中获得同样的利益。现在，即使是使用虚拟化进行简单的服务器整合，客户们也经常可以在某种程度上获得以下很多利益：

① 更高的资源利用率——虚拟可支持实现物理资源和资源池的动态共享，提高资源利用

率，特别是针对那些平均需求远低于需要为其提供专用资源的不同负载。

② 降低管理成本——虚拟可通过以下途径提高工作人员的效率：减少必须进行管理的物理资源的数量；隐藏物理资源的部分复杂性；通过实现自动化、获得更好的信息和实现中央管理来简化公共管理任务；实现负载管理自动化。另外，虚拟还可以支持在多个平台上使用公共的工具。

③ 提高使用灵活性——通过虚拟可实现动态的资源部署和重配置，满足不断变化的业务需求。

④ 提高安全性——虚拟可实现较简单的共享机制无法实现的隔离和划分，这些特性可实现对数据和服务进行可控和安全的访问。

⑤ 更高的可用性——虚拟可在不影响用户的情况下对物理资源进行删除、升级或改变。

⑥ 更高的可扩展性——根据不同的产品，资源分区和汇聚可支持实现比个体物理资源小得多或大得多的虚拟资源，这意味着用户可以在不改变物理资源配置的情况下进行规模调整。

⑦ 互操作性和投资保护——虚拟资源可提供底层物理资源无法提供的与各种接口和协议的兼容性。

⑧ 改进资源供应——与个体物理资源单位相比，虚拟能够以更小的单位进行资源分配。

但是虚拟化不是灵丹妙药，不可能解决所有的问题，也不是适用于所有的用户。而且，就目前的发展现状来看，服务器虚拟化仍然存在不少问题。

① 业界还没有统一的虚拟化标准平台和开放协议，提高用户投资风险。

② 硬件级虚拟化和软件级虚拟化要相互结合才能使系统使用率最大化；用户导入虚拟化是一个长期的过程，绝非一蹴而就。

③ 虚拟化层面还比较低，目前技术上还达不到虚拟化的理想境界。

④ 虚拟化也存在一定风险，把多个应用放到一台服务器上类似于多个鸡蛋放在一只篮子，一旦出现重大硬件故障可能会影响到所有的应用，这种威胁很难消除，除非在服务器出现故障前，有能力迅速将虚拟服务器转移到另外一台新的物理服务器上。

⑤ 改用虚拟数据中心，最大的困难在于应用迁移，可能是个费时又费钱的过程，而且会面临不少问题。

⑥ 虚拟化并不是一个百分之百兼容的解决方案，它并不能和所有的应用程序或者所有硬件协调工作，大多数虚拟机都是模拟一个基本的PC环境，而不是让应用程序直接访问主机的硬件资源。

虚拟化的成本也是一个问题，架构虚拟化环境的初期投入成本在百万级左右。

虚拟化并不适合所有的应用，如大数据库系统或者微软的Exchange应用需要占用大量的I/O和内存资源，一般不适合同其他应用程序共享服务器的硬件，即使它们都是在虚拟化的环境中。

3.1.4 虚拟化技术的分类

现在市场上最常见的虚拟化软件有VMWare workstation(VMWare)、VirtualBox(Oracle)、

Hyper-V(Microsoft)、KVM(Redhat)、Xen 等，这些软件统称为 VMM，使用不同的虚拟化实现，而这些虚拟化实现的方式可以分为：

1. 全虚拟化（直接运行在物理硬件之上）

全虚拟化也称为原始虚拟化技术，该模型使用虚拟机协调 guest 操作系统和原始硬件，VMM 在 guest 操作系统和裸硬件之间协调工作，一些受保护指令必须由 Hypervisor（VMM 虚拟机管理程序）来捕获处理。即 VMM 会为 GuestOS 抽象模拟出它所需要的包括 CPU、磁盘、内存、网卡、显卡等抽象硬件资源，所以全虚拟化的 GuestOS 并不会知道自己其实是一台虚拟机。全虚拟化的运行速度要快于硬件模拟，但是性能方面不如裸机，因为 Hypervisor 需要占用一些资源。典型的全虚拟化软件有：VMWare vSphere、微软 Hyper-V、开源 KVM-x86（Linux 内核的一部分，复杂指令集）和 Xen（剑桥大学开发开放源代码虚拟机监视器，同时支持完全虚拟化和半虚拟化）等，如图 3-2 所示。

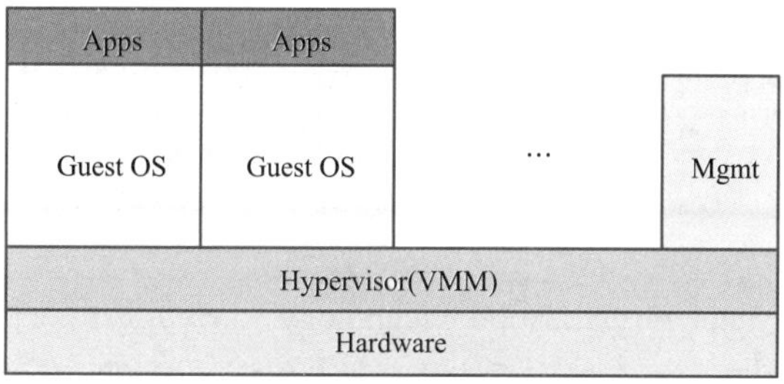

图 3-2　全虚拟化

全虚拟化的实现方式可以分为基于二进制翻译的全虚拟化和基于扫描和修补的全虚拟化。

2. 半虚拟化（需要安装在有操作系统的机器上面）

使用 Hypervisor 分享存取底层的硬件，但是它的 guest 操作系统集成了虚拟化方面的代码。该方法无须重新编译或引起陷阱，因为操作系统自身能够与虚拟进程进行很好的协作。典型的半虚拟化软件有：KVM-PowerPC（简易指令集）、VMware Workstations、Oracle VM virtual Box、Xen 和 QEMU（由法布里斯•贝拉所编写的以 GPL 许可证分发源码的模拟处理器）等，如图 3-3 所示。

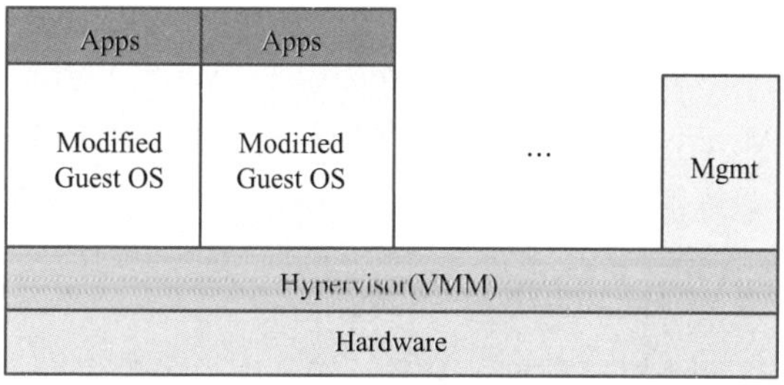

图 3-3　半虚拟化

半虚拟化需要 guest 操作系统做一些修改，使 guest 操作系统意识到自己是处于虚拟化环境的，但是半虚拟化提供了与原操作系统相近的性能。

3. 操作系统层虚拟化

实现虚拟化还有一个方法，那就是在操作系统层面增添虚拟服务器功能。就操作系统层的虚拟化而言，没有独立的Hypervisor层。相反主机操作系统本身就负责在多个虚拟服务器之间分配硬件资源，并且让这些服务器彼此独立。一个明显的区别是，如果使用操作系统层虚拟化，所有虚拟服务器必须运行同一操作系统。

虽然操作系统层虚拟化的灵活性比较差，但本机速度性能比较高。此外，由于架构在所有虚拟服务器上使用单一、标准的操作系统，管理起来比异构环境要容易。

4. 桌面虚拟化

服务器虚拟化主要针对服务器而言，而虚拟化最接近用户的还是桌面虚拟化，桌面虚拟化主要功能是将分散的桌面环境集中保存并管理起来，包括桌面环境的集中下发、集中更新、集中管理。桌面虚拟化使得桌面管理变得简单，不用每台终端单独进行维护，每台终端进行更新。终端数据可以集中存储在中心机房里，安全性相对传统桌面应用要高很多。桌面虚拟化可以使得一个人拥有多个桌面环境，也可以把一个桌面环境供多人使用，节省了license。另外，桌面虚拟化依托于服务器虚拟化。没有服务器虚拟化，这个桌面虚拟化的优势将完全没有了。不仅如此，还浪费了许多管理资本。

5. 硬件虚拟化

英特尔虚拟化技术（Intel Virtualization Technology，IVT）是由英特尔开发的一种虚拟化技术，利用IVT可以对在系统上的客操作系统，通过VMM来虚拟一套硬件设备，以供客操作系统使用。这些技术以往在VMware与Virtual PC上都通过软件实现，而通过IVT的硬件支持可以加速此类软件的进行。

AMD虚拟化(AMD Virtualization)，缩写为“AMD-V”，是AMD为64位的x86架构提供的虚拟化扩展的名称，但有时仍然会用“Pacifica”(AMD开发这项扩展时的内部项目代码)来指代它。

3.2 常见虚拟化软件

虚拟化技术指的是软件层面实现虚拟化的技术，整体上分为开源虚拟化和商业虚拟化两大阵营。典型的代表有：VirtualBox、Xen，KVM，VMware，Hyper-V、Docker容器等。VirtualBox、Xen和KVM属于开源免费的虚拟化软件；VMware、Hyper-V属于收费虚拟化技术；Docker是一种容器技术，属于一种轻量级虚拟化技术。

常见虚拟化软件

3.2.1 VirtualBox

VirtualBox是一款开源虚拟机软件。VirtualBox 是由德国 Innotek 公司开发，由Sun Microsystems公司出品的软件，使用Qt编写，在 Sun 被 Oracle 收购后正式更名成 Oracle VM VirtualBox。其官网网址是：https://www.virtualbox.org/。

VirtualBox号称是最强的免费虚拟机软件，它不仅具有丰富的特色，而且性能也很优异。

它简单易用，可虚拟的系统包括Windows（从Windows 3.1到Windows10、Windows Server 2012，所有的Windows系统都支持）、Mac OS X、Linux、OpenBSD、Solaris、IBM OS2甚至Android等操作系统，使用者可以在VirtualBox上安装并且运行上述这些操作系统，如图3-4所示。

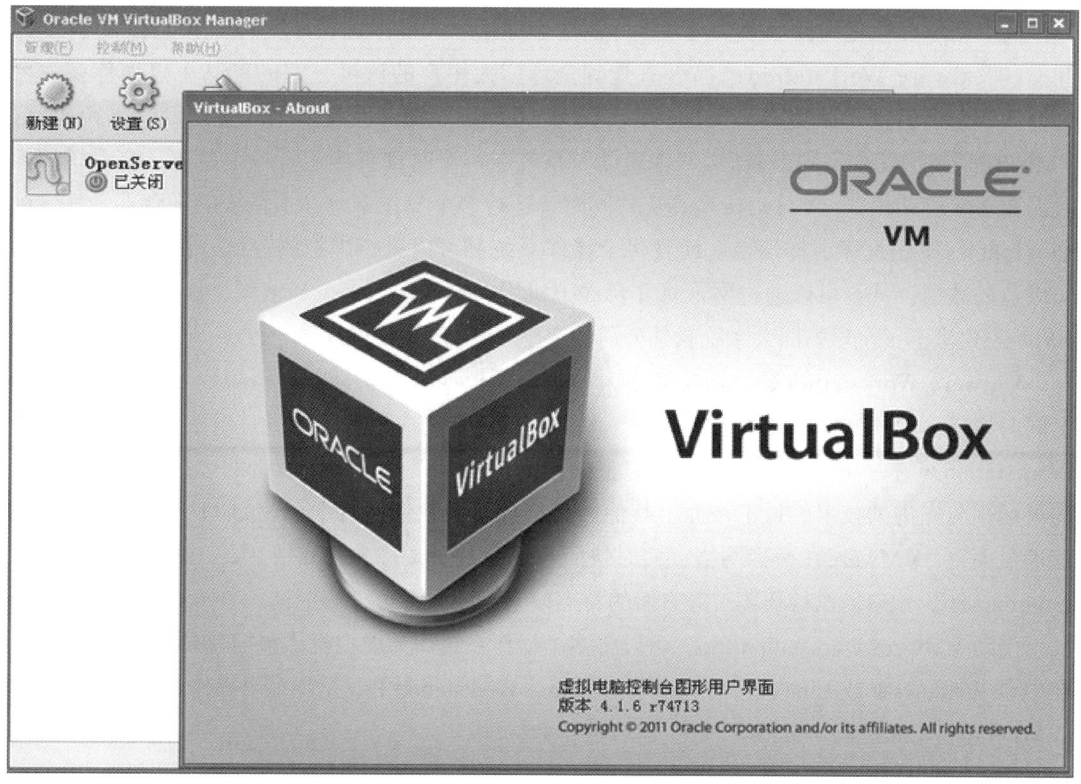

图3-4 VirtualBox软件

主要特点包括：

① 支持64位客户端操作系统，即使主机使用32位CPU。

② 支持SATA硬盘NCQ技术。

③ 虚拟硬盘快照。

④ 无缝视窗模式（需安装客户端驱动）。

⑤ 能够在主机端与客户端共享剪贴簿（需安装客户端驱动）。

⑥ 在主机端与客户端间建立分享文件夹（需安装客户端驱动）。

⑦ 内建远端桌面服务器，实现单机多用户。

⑧ 支持VMware VMDK磁盘档及Virtual PC VHD磁盘档格式。

⑨ 3D虚拟化技术支持OpenGL、Direct3D、WDDM。

⑩ 最多虚拟32颗CPU（3.0版后支持）。

⑪ 支持VT-x与AMD-V硬件虚拟化技术。

⑫ iSCSI支持。

⑬ USB与USB2.0支持。

3.2.2 VMware Workstation

VMware Workstation的开发商为VMware公司，VMware成立于1998年，为EMC公司的子公司，总部设在美国加利福尼亚州帕罗奥多市，是全球桌面到数据中心虚拟化解决方案的领导厂商、全球虚拟化和云基础架构领导厂商、全球第一大虚拟机软件厂商，多年来，VMware开发的VMware Workstation产品一直受到全球广大用户的认可，它的产品可以使你在一台机器上同时运行两个或更多Windows®、DOS、Linux、Mac系统。与“多启动”系统相比，VMware采用了完全不同的概念。“多启动”系统在一个时刻只能运行一个系统，在系统切换时需要重新启动机器。VMware是真正“同时”运行多个操作系统在主系统的平台上，就像标准Windows应用程序那样切换。而且每个操作系统都可以进行虚拟的分区、配置而不影响真实硬盘的数据，甚至可以通过网卡将几台虚拟机用网卡连接为一个局域网，极其方便。因此，VMware也坐上了全球第四大系统软件公司的宝座。其官网网址是：https://www.vmware.com。

VMware Workstation是一款功能强大的桌面虚拟计算机软件，提供用户可在单一的桌面上同时运行不同的操作系统和进行开发、测试、部署新的应用程序的最佳解决方案。VMware Workstation可在一部实体机器上模拟完整的网络环境，以及可便于携带的虚拟机器，其更好的灵活性与先进的技术胜过了市面上其他的虚拟计算机软件。对于企业的IT开发人员和系统管理员而言，VMware在虚拟网络、实时快照、拖曳共享文件夹，支持PXE（Preboot Execute Environment，预启动执行环境）等方面的特点使它成为必不可少的工具。

借助 VMware Workstation Pro，可以将多个操作系统作为虚拟机（包括 Windows® 虚拟机）在单台 Windows® 或 Linux PC 上运行。VMware Workstation Pro 是将多个操作系统作为虚拟机 (VM) 在单台 Linux 或 Windows PC 上运行的行业标准。

VMware Workstation允许操作系统(OS)和应用程序（Application）在一台虚拟机内部运行。虚拟机是独立运行主机操作系统的离散环境。在 VMware Workstation 中，你可以在一个窗口中加载一台虚拟机，它可以运行自己的操作系统和应用程序。你可以在运行于桌面上的多台虚拟机之间切换，通过一个网络共享虚拟机（如一个公司局域网），挂起和恢复虚拟机以及退出虚拟机，这一切不会影响主机操作和任何操作系统或者其他正在运行的应用程序，如图3-5所示。

其主要特性是包括：

1. 巨型虚拟机

可创建拥有多达 16 个虚拟 CPU、8 TB 虚拟磁盘以及 64 GB 内存的大规模虚拟机，以便在虚拟化环境中运行要求最严苛的桌面和服务器应用。

2. 限制对虚拟机的访问

通过限制对 Workstation 虚拟机设置（如拖放、复制和粘贴以及连接到 USB 设备）的访问来保护公司内容。可以对虚拟机进行加密和密码保护，确保只有授权用户才能访问。

3. 支持高分辨率显示屏

Workstation Pro 已经优化，可以支持用于台式机的高分辨率 4K UHD (3 840 × 2 160) 显示

屏，以及用于笔记本电脑显示屏。它还支持具有不同 DPI 设置的多个显示屏，例如，4K UHD 显示屏以及现有的 1080P 高清显示屏。

图3-5　VMware Workstations Pro 12

4. vSphere 连接

使用 Workstation Pro 可连接到 vSphere、ESXi 或其他 。

5. 快照功能

创建回滚点以便实时还原，这非常适合于测试未知软件或创建客户演示。可以利用多个快照轻松测试各种不同的场景，无须安装多个操作系统。

6. 高性能 3D 图形

VMware Workstation Pro 支持 DirectX 10 和 OpenGL 3.3，可在运行 3D 应用时提供顺畅且响应迅速的体验。可在 Windows® 虚拟机中以接近本机的性能运行 AutoCAD 或 SOLIDWORKS 等要求最为严苛的 3D 应用。

7. 交叉兼容性

可创建能够跨 VMware 产品组合运行的 Linux 或 Windows® 虚拟机，也可以创建在 Horizon FLEX 中使用的受限虚拟机。甚至还支持开放标准，使用户不仅可以创建虚拟机，还可以使用来自其他供应商的虚拟机。

8. 共享虚拟机

在模拟生产环境中快速共享和测试应用。将 VMware Workstation Pro 作为一个服务器运行，以便与团队成员、部门或组织共享具有各种所需配置的预加载 Linux 和 Windows® 虚拟机的存储库。

9. 支持 200 多种客户操作系统

包括 Windows®10、Windows® 8.X、Windows® 7、Windows® XP、Ubuntu、Red Hat、SUSE、Oracle Linux、Debian、Fedora、openSUSE、Mint、CentOS 、Unix、FreeBSD、openBSD 等。

10. 支持多种常用主机操作系统（64 位）

包括Ubuntu 14.04及更高版本、Red Hat Enterprise Linux 6及更高版本、CentOS 6.0及更高版本、Oracle Linux 6.0及更高版本、openSUSE Leap 42.2及更高版本、SUSE Linux 12及更高版本等。

3.2.3 KVM

KVM全称Kernel-based Virtual Machine，是一个开源的系统虚拟化模块，自Linux 2.6.20之后集成在Linux的各个主要发行版本中，KVM是基于内核的虚拟，它是集成到Linux内核的Hypervisor，是X86架构且硬件支持虚拟化技术（Intel VT或AMD-V）的Linux的全虚拟化解决方案。

KVM 的文件格式为 kvm.ko，是一个提供核心虚拟化基础架构和特定于处理器的模块 kvm-intel.ko 和 kvm-amD.ko 的可装载内核模块，其设计目标是在需要引导多个未改动的 PC 操作系统时支持完整的硬件模拟。通过使用 KVM，用户可以运行多个其本身运行未改动的 Windows® 或 Mac OS®X 映像的虚拟机。每个虚拟机都有各自的虚拟硬件，比如网卡、磁盘和图形适配器等。

KVM 是基于虚拟化扩展（Intel VT 或者 AMD-V）的 X86 硬件的开源的 Linux 原生的全虚拟化解决方案。KVM 中，虚拟机被实现为常规的Linux进程，由标准Linux调度程序进行调度；虚拟机的每个虚拟 CPU 被实现为一个常规的 Linux 进程。这使得 KVM 能够使用 Linux 内核的已有功能。

但是，它是Linux的一个很小的模块，利用Linux做大量的事，如任务调度、内存管理与硬件设备交互等。它使用Linux自身的调度器进行管理，KVM 本身不执行任何硬件模拟，需要客户空间程序通过/dev/kvm 接口设置一个客户机虚拟服务器的地址空间，向它提供模拟的I/O，并将它的视频显示映射回宿主的显示屏。目前这个应用程序是QEMU。

KVM目前已成为学术界的主流VMM之一。KVM的虚拟化需要硬件支持（如Intel VT技术或者AMD V技术)，是基于硬件的完全虚拟化，如图3-6所示。

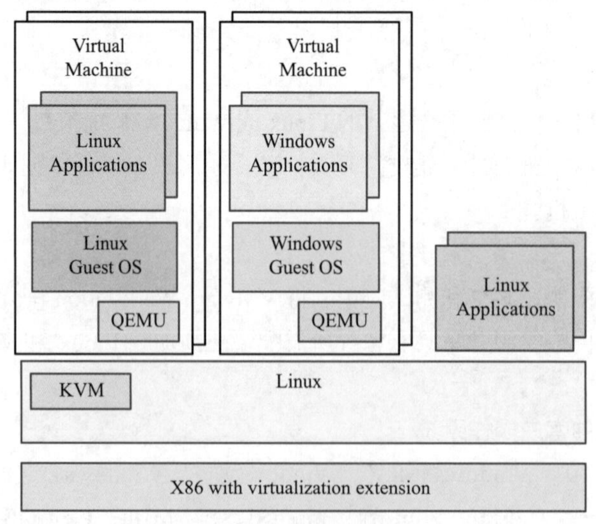

图3-6 KVM架构

3.3　系统虚拟化

计算机虚拟化技术当前主要包括服务器虚拟化、桌面虚拟化和网络虚拟化。

3.3.1　服务器虚拟化

系统虚拟化

服务器虚拟化是将服务器物理资源抽象成逻辑资源，让一台服务器变成几台甚至上百台相互隔离的虚拟服务器，或者让几台服务器变成一台服务器来用，不再受限于物理上的界限，而是让CPU、内存、磁盘、I/O等硬件变成可以动态管理的“资源池”，从而提高资源的利用率，简化系统管理，实现服务器整合，让IT对业务的变化更具适应力。

服务器虚拟化主要分为三种：“一虚多”“多虚一”和“多虚多”。“一虚多”是一台服务器虚拟成多台服务器，即将一台物理服务器分割成多个相互独立、互不干扰的虚拟环境。“多虚一”就是多个独立的物理服务器虚拟为一个逻辑服务器，使多台服务器相互协作，处理同一个业务。另外还有“多虚多”的概念，就是将多台物理服务器虚拟成一台逻辑服务器，然后再将其划分为多个虚拟环境，即多个业务在多台虚拟服务器上运行。

服务器虚拟化平台主要包括Citrix XenServer、微软的Hyper-V、VMware vSphere（旧称ESXi）。

XenServer是思杰公司(Citrix) 推出的一款服务器虚拟化系统，是服务器“虚拟化系统”而不是“软件”，与传统虚拟机类软件不同的是，它无须底层原生操作系统的支持，也就是说 XenServer 本身就具备了操作系统的功能，是能直接安装在服务器上引导启动并运行的，XenServer 目前最新版本为5.6.100-SP2，支持多达128 G内存，对2008R2 及Linux Server 都提供了良好的支持，XenServer 本身没有图形界面，为了方便Windows® 用户的易用，Citrix 提供了XenCenter 通过图形化的控制界面，用户可以非常直观地管理和监控XenServer 服务器的工作。

vSphere 是VMware公司推出的一套服务器虚拟化解决方案，目前的最新版本为6.5。vSphere中的核心组件为 VMware ESXi（取代原ESX），ESXi与Citrix 的XenServer 相似，它是一款可以独立安装和运行在裸机上的系统，与VMware Workstation 软件不同的是，它不再依存于宿主操作系统之上。在ESXi安装好以后，可以通过vSphere Client 远程连接控制，在ESXi 服务器上创建多个VM（虚拟机），在为这些虚拟机安装好Linux /Windows® Server 系统使之成为能提供各种网络应用服务的虚拟服务器，ESXi 也是从内核级支持硬件虚拟化，运行于其中的虚拟服务器在性能与稳定性上不亚于普通的硬件服务器，而且更易于管理维护。

Hyper-V是微软提出的一种系统管理程序虚拟化技术，能够实现桌面虚拟化，是微软第一个采用类似Vmware和Citrix 开源Xen一样的基于hypervisor的技术。Hyper-V最初在2008年第一季度，与Windows® Server 2008同时发布。Hyper-V设计的目的是为广泛的用户提供更为熟悉以及成本效益更高的虚拟化基础设施软件，这样可以降低运作成本、提高硬件利用率、优化基础设施并提高服务器的可用性。

3.3.2 桌面虚拟化

桌面虚拟化通过以代管服务的形式部署桌面，可以使用户更加快速地对不断变化的需求和机会做出响应。用户可以快速轻松地向分支机构、外包员工和海外员工以及使用 iPad 和 Android 平板电脑的移动工作人员交付虚拟化桌面和应用，从而降低成本并改进服务。

桌面虚拟化是用虚拟电脑环境的产物，取代实体计算机交付到用户端。虚拟计算机被存储在远程服务器中并且可以交付应用到用户设备上。它的操作方式和操作实体机器相同。一台服务器可以交付多个个性化虚拟桌面镜像。有多种方法可以实现桌面虚拟化，包括终端服务器虚拟化、OS流、虚拟桌面基础设施（VDI）以及桌面即服务（DaaS）。终端服务器虚拟化和VDI都需要企业提供自己的基础设施，意味着用户需要一台托管桌面镜像的服务器和为员工提供近似无缝体验的足够的带宽。同时企业还需要为自己的安全和配置负责。依据OS流，桌面镜像直接交给用户设备而不需要由服务器托管。OS流仿佛是安装和工作在用户端，且用户不需要连接到桌面镜像。DaaS将大部分基础设施交给第三方供应商管理。由供应商看管必要的服务器配置、带宽、备份和安全性。当然，公司需要支付会员费。桌面虚拟化为员工从任意设备远程工作提供了益处，现在大多数智能机和平板都提供虚拟桌面客户端。由于多镜像可以存储在服务器端，桌面虚拟化也为硬件成本的降低做了贡献。尽管有一个相对简单的缩放比例，即当服务器不能托管更多的镜像时，公司可以购买另一台服务器，而这将增加成本。

3.3.3 网络虚拟化

网络虚拟化（Network Function Virtualization）就是以软件形式完整再现物理网络。应用在虚拟网络上的运行方式与在物理网络上完全相同。网络虚拟化向所连接的工作负载提供逻辑网络连接设备和服务（逻辑端口、交换机、路由器、防火墙、负载均衡器、VPN，等等）。虚拟网络不仅可以提供与物理网络相同的功能特性和保证，而且还具备虚拟化所具有的运维优势和硬件独立性。

VMWARE NSX产品在网络虚拟化产品中占据相当大的市场份额。NSX 可提供构成 Software-Defined Data Center (SDDC) 的基础的全新网络连接运行模式。借助 NSX，用户能够以软件形式创建整个网络，并将其嵌入从底层物理硬件中抽象化的 hypervisor 层。所有网络组件都可在几分钟内完成调配，而无须修改应用。NSX为各个工作负载提供微分段和精细安全保护。

3.4 实践任务

3.4.1 使用KVM构建虚拟机群

Red Hat Enterprise Linux 的KVM虚拟机监控程序使用libvirt API和libvirt的工具程序（如 virt-manager、virsh）进行管理。虚拟机以多线程的Linux进程形式运行下面的步骤，描述了如何使用KVM来创建虚拟机的过程。

1. 检查CPU是否支持Intel VT或AMD-V

```
#grep --color -E "vmx|svm" /proc/cpuinfo
```

如果执行命令结果有以下信息显示，说明该机器的CPU支持虚拟化。

```
[root@serverX ~]# grep --color -E "vmx|svm" /proc/cpuinfo
flags           : fpu vme de pse tsc msr pae mce cx8 apic sep mtrr pge mca cmov pat
pse36 clflush dts acpi mmx fxsr sse sse2 ss ht tm pbe syscall nx lm constant_tsc
arch_perfmon pebs bts rep_good aperfmperf pni dtes64 monitor ds_cpl vmx smx est
tm2 ssse3 cx16 xtpr pdcm sse4_1 xsave lahf_lm dts tpr_shadow vnmi flexpriority
```

2. 安装qemu-img和qemu-kvm

```
#yum install qemu-img qemu-kvm
```

3. 建议安装其他的一些虚拟化管理软件

```
#yum install virt-manager libvirt libvirt-python python-virtinst libvirt-client
```

libvirt程序包是一个与虚拟机监控程序相独立的虚拟化应用程序接口，它可以与操作系统的一系列虚拟化性能进行交互。它是一个虚拟化API，软件开发者可以使用它来开发和改变管理应用。libvirt程序包被设计为用来构建高级管理工具和应用程序，例如virt-manager与virsh命令行管理工具。libvirt主要的功能是管理单节点主机，并提供API来列举、监测和使用管理节点上的可用资源，其中包括 CPU、内存、储存、网络和非一致性内存访问分区。Red Hat Enterprise Linux 7支持libvirt以及其包括的基于libvirt的工具作为默认虚拟化管理。

Virt-manager是一个管理虚拟机的图形化桌面工具。它允许访问图形化的客机控制台，并可以执行虚拟化管理、虚拟机创建、迁移和配置等任务。它也提供了查看虚拟机、主机数据、设备信息和性能图形的功能。本地的虚拟机监控程序可以通过单一接口进行管理。virt-manager程序包对那些运行多个没有严格运行时间要求，或服务等级协议的服务器的小型商务用户非常有用。在这种环境下，一个管理员可能就负责整个基础设施，若其中一个部件需要改变，维持程序的灵活性会十分重要。这一环境可能包含一些应用程序，如网络服务器、文件及打印服务器和应用服务器。

4. 用虚拟机管理器管理虚拟机

从“应用”菜单和“系统工具”子菜单中打开“虚拟机管理器”应用。图3-7所示为图像显示虚拟机管理器界面。该界面可以让用户从一个中心位置控制所有的虚拟机。

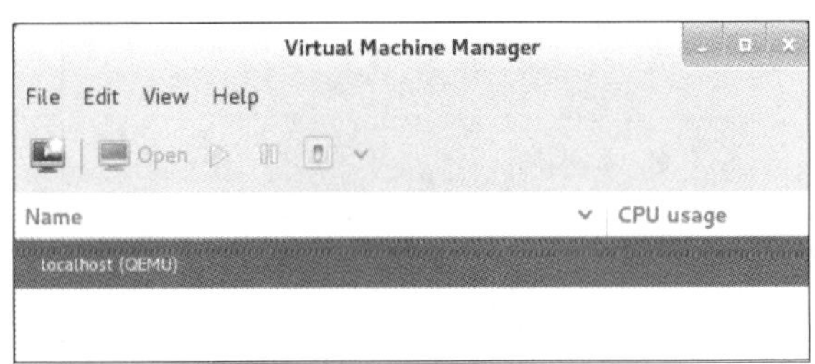

图3-7　虚拟机管理器

① 创建新的虚拟机：从此处开始创建一个新的虚拟机。

② 虚拟机：所有虚拟机（或客机）的清单。在创建一个虚拟机后，它就会在此列出。客机

运行时，CPU使用下的动态图像会显示客机CPU的使用情况。从清单上选定虚拟机后，使用下列按钮来控制已选定虚拟机的状态：

- 打开：在新的窗口中打开客机虚拟机控制台和明细。
- 运行：启动虚拟机。
- 暂停：暂停虚拟机。
- 关闭虚拟机：关闭虚拟机。点击箭头显示一个下拉菜单，其中有几个关闭虚拟机的选项，包括重新启动、关机、强制重置、强制关闭并保存。

3.4.2 创建一个虚拟机

① 双击New VM图标，开始启动创建向导，如图3-8所示。

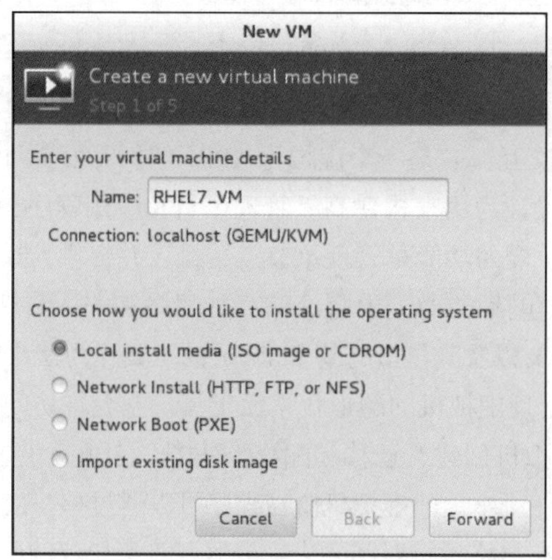

图3-8 命名虚拟机和选定安装方式

② 查找安装媒体，提供ISO的位置，客机虚拟机将从该ISO安装操作系统安装，如图3-9所示。

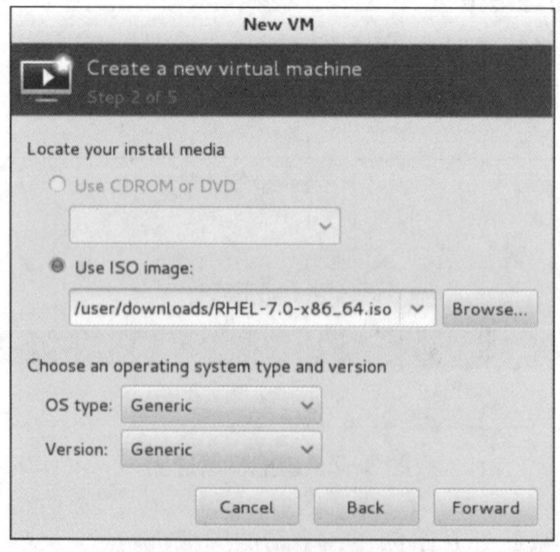

图3-9 ISO镜像安装

③ 配置内存和CPU，选定分配给虚拟机的内存数量和CPU数量，如图3-10所示。

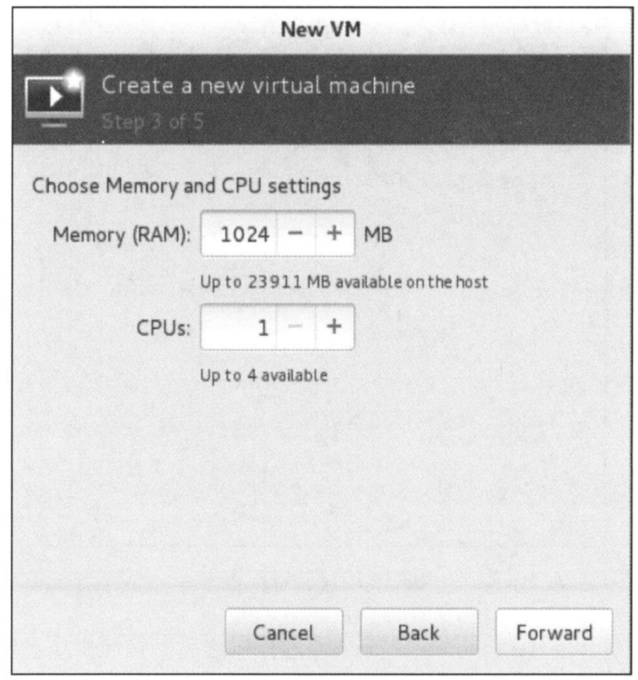

图3-10　配置CPU及内存

④ 配置存储设备，为客机、虚拟机分配存储空间。向导会显示存储选项，包括将虚拟机存储在主机的什么位置，如图3-11所示。

图3-11　配置存储设备

⑤ 最终配置，验证虚拟机设置并单击完成键。虚拟机管理器将会用选定硬件设置创建虚拟机，如图3-12所示。

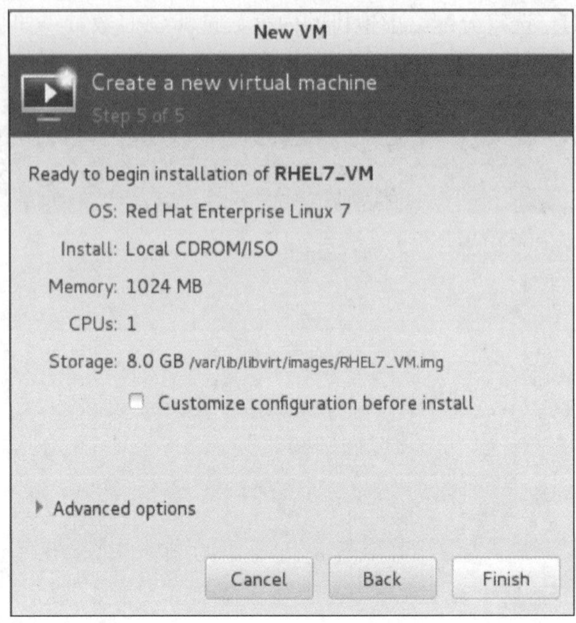

图3-12 验证配置

虚拟机管理器创建Red Hat Enterprise Linux 7虚拟机之后，按照操作系统安装程序完成虚拟机操作系统安装。

⑥ 浏览虚拟机，如图3-13所示。

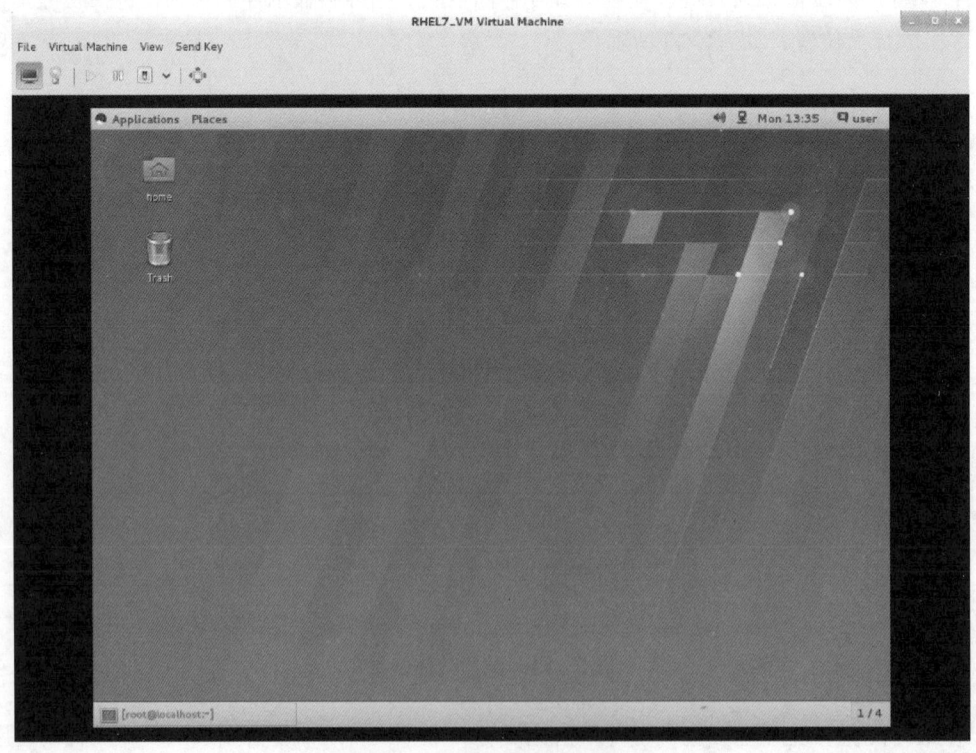

图3-13 客机虚拟机控制台

显示图形控制台：这显示了虚拟机显示器上的内容。虚拟机从控制台上可以和实体机用相同方式操作。

显示虚拟硬件细节：该窗口显示客机正在使用的虚拟硬件细节，提供基本系统细节、性能、处理器、内存和引导设置，以及系统虚拟设备细节的概述。

下列键控制虚拟机的状态：

● 执行：打开虚拟机。

● 暂停：暂停虚拟机。

● 关闭虚拟机：单击箭头会出现一个下拉菜单，其中有几个选项可用于关闭虚拟机，包括重新启动、关机、强制复位、强制关闭并保存。

● 全屏：转换虚拟机至全屏显示。

● 发送键：向虚拟机发送组合键，如【Ctrl+Alt+Backspace】【Ctrl+Alt+Delete】、【Ctrl+Alt+F1】【PrintScreen】等。

小　　结

本章主要介绍了虚拟化技术的基本概念和常见的几种虚拟化软件，虚拟化可以扩大硬件的容量，简化软件的重新配置过程，它是云计算中最重要的组成部分，更是最核心的技术。虚拟化技术的重要地位使其发展成为业界关注的焦点。在虚拟化技术飞速成长的现如今，如何把握虚拟化市场趋势，在了解市场格局与客户需求的情况下，寻找最优的虚拟化解决方案，已成为企业资源管理配置的重中之重。

习　　题

一、选择题

1．以下属于存储虚拟化范畴的是（　　）。

A．RAID　　B．NAS　　C．DAS　　D．SAN

2．以下属于计算机虚拟化范畴的是（　　）。

A．处理器虚拟化　　B．内存虚拟化

C．网卡虚拟化　　D．显卡虚拟化

3．以下属于软件虚拟化范畴的是（　　）。

A．指令虚拟化　　B．编程语言虚拟化

C．运行库虚拟化　　D．内存虚拟化

二、填空题

1．虚拟化，是指通过__________将一台计算机虚拟为多台逻辑计算机。

2．服务器虚拟化是指将服务器物理资源抽象成__________。

3．服务器虚拟化主要分为三种：__________、__________和__________。

4．全虚拟化的实现方式可以分为__________的全虚拟化和__________的全虚拟化。

三、简答题

1．什么是虚拟化技术？

2．请简述存储虚拟化的基本概念。

3．请简述网络虚拟化的基本概念。

4．请简述计算机虚拟化的基本概念。

5．请简述计算机处理器虚拟化技术中全虚拟化和半虚拟化的基本原理，并比较其优缺点。

6．什么是桌面虚拟化？

第4章 云存储及典型系统

本章将向读者介绍云存储的起源、云存储的概念与特点，以及云储存空间管理，通过本章的学习，能让读者对云存储的概念及应用有一定的了解。

4.1 云存储起源

云存储起源

2011年6月7日，苹果公司在全球开发者大会WWDC2011上，乔布斯发布了大会的重点产品iCloud，宣布苹果将提供云存储服务。iCloud 为每一位用户提供 5 GB 的免费空间，用户可以通过无线网络使用 iCloud 提供的云存储服务，包括音乐、应用、电子书、照片、通讯录、日程、资料、邮件等数据，均可以自动进行上传、下载。同时，用户的数据还可以在自己的亲朋好友间分享，在不同的苹果设备之间同步，包括Mac和PC。

与此同时，其他云存储应用也在繁荣发展，百度云盘、Dropbox、Sky Drive、115网盘、新浪网盘等也渐渐进入了公众的视野，慢慢改变了人们存储和使用文件的习惯。

云存储事实上是云计算中有关数据存储、归档、备份的一个部分。基于云计算，才有了云存储的萌芽和发展。云计算之所以能够在最近几年快速兴起，是因为用户渴望能够充分利用 IT 资源来给业务提供即时按需的高效服务。而云存储是在云计算概念上延伸和发展出来的一个新概念，在云计算发展的轨迹中，随处都可以看到存储云化发展的身影。

Google首席执行官埃里克•施密特提出云计算概念，指出“云计算把数据分布在大量的分布式计算机上，从而使得存储获得很强的可扩展能力”。NIST 的云计算定义中，也提到“一种通过网络连接 IT 资源（如服务器、存储、应用和服务等）的应用模式”。由此可见，云存储是云计算中的重要组成部分。云计算的起源和发展包含了云存储的起源与发展。

总的来说，和云计算一样，云存储的起源也包含了技术和服务两个方面。

1．云存储技术起源

在技术方面，现代存储技术从磁带发展到磁盘、再从磁盘发展到阵列、继而从阵列发展到网络存储，而今，又随着集群技术、网格技术、分布式存储技术、虚拟化存储技术的发展，进入了云存储的时代。

发展之初，人们用磁带来存储数据信息，但由于磁带是顺序存储设备，定位数据和读写数据速度慢，通常读取一个信息块就需要几毫秒的时间，而且对外界环境要求比较高，空气湿度过大时，容易霉变，从而丢失数据。因此，在磁盘出现后，磁带很快为后者所取代。但是，一块磁盘的容量是有限的，速度也是有限的，为了解决这个问题，磁盘阵列出现了，多级别的独立冗余磁盘阵列（Redundant Array of Independent Disks，RAID）技术可以将多个磁盘组合成大型的磁盘组，它不仅通过对多个磁盘同时存储和读取数据来大幅提高存储系统的数据吞吐量，而且通过数据校验和备份提供容错功能，大大提高了系统的容错度和稳定性。

1970年，StorageTek公司（Sun StorageTek）开发了第一个固态硬盘驱动器。固态驱动器（Solid State Disk或Solid State Drive，SSD），俗称固态硬盘，固态硬盘是用固态电子存储芯片阵列制成的硬盘，因为英语里把固体电容称之为Solid而得名。SSD由控制单元和存储单元（FLASH芯片、DRAM芯片）组成。固态硬盘在接口的规范和定义、功能及使用方法上与普通硬盘完全相同，在产品外形和尺寸上也完全与普通硬盘一致，被广泛应用于军事、车载、工控、视频监控、网络监控、网络终端、电力、医疗、航空、导航设备等诸多领域。

固态硬盘的芯片的工作温度范围很宽，商规产品为0~70℃，工规产品为-40~85℃。虽然成本较高，但也正在逐渐普及到DIY市场。由于固态硬盘技术与传统硬盘技术不同，所以产生了不少新兴的存储器厂商。厂商只需购买NAND存储器，再配合适当的控制芯片，就可以制造固态硬盘了。新一代的固态硬盘普遍采用SATA-2接口、SATA-3接口、SAS接口、MSATA接口、PCI-E接口、NGFF接口、CFast接口、SFF-8639接口和M.2 NVME/SATA协议。

固态硬盘的存储介质分为两种，一种是采用闪存（FLASH芯片）作为存储介质，另外一种是采用DRAM作为存储介质。

基于闪存的固态硬盘（IDEFLASH DISK、Serial ATA Flash Disk）：采用FLASH芯片作为存储介质，这也是通常所说的SSD。它的外观可以被制作成多种模样，如笔记本硬盘、微硬盘、存储卡、U盘等样式。这种SSD固态硬盘最大的优点是可以移动，而且数据保护不受电源控制，能适应于各种环境，适合于个人用户使用。它的擦写次数普遍为3 000次左右，以常用的64 GB为例，在SSD的平衡写入机理下，可擦写的总数据量为64 GB × 3 000 = 192 000 GB。假如你每天喜欢下载视频，看完就删且每天下载100 GB，可用天数为192 000 / 100 = 1 920，也就是1 920 / 366 = 5.25年。如果你只是普通用户，每天写入的数据远低于10 GB，即使以10 GB来算，可以不间断使用52.5年。如果是128 GB的SSD，可以不间断用104年。它像普通硬盘HDD一样，理论上可以无限读写。

基于DRAM类的云储固态硬盘：采用DRAM作为存储介质，应用范围较窄。它仿效传统硬盘的设计，可被绝大部分操作系统的文件系统工具进行卷设置和管理，并提供工业标准的PCI和FC接口，用于连接主机或者服务器。应用方式可分为SSD硬盘和SSD硬盘阵列两种。它是一种高性能的存储器，而且使用寿命很长，美中不足的是需要独立电源来保护数据安全。DRAM固态硬盘属于比较非主流的设备。

与传统硬盘比较，固态硬盘的接口规范和定义、功能及使用方法上与普通硬盘几近相同，外形和尺寸也基本与普通的2.5英寸硬盘一致。固态硬盘具有传统机械硬盘不具备的快速读写、质量小、能耗低以及体积小等特点，同时其劣势也较为明显。尽管IDC认为SSD已经进入存储市场的主流行列，但其价格仍较为昂贵，容量较低，一旦硬件损坏，数据较难恢复等；并且亦有人认为固态硬盘的耐用性（寿命）相对较短。

影响固态硬盘性能的几个因素主要是：主控芯片、NAND闪存介质和固件。在上述条件相同的情况下，采用何种接口也可能会影响SSD的性能。

主流的接口是SATA（3 Gbit/s和6 Gbit/s两种）接口，亦有PCIe 3.0接口的SSD问世。

由于SSD与普通磁盘的设计及数据读写原理不同，使得其内部的构造亦有很大的不同。一般而言，固态硬盘（SSD）的构造较为简单，并且也可拆开，所以我们通常看到的有关SSD性能评测的文章之中大多附有SSD的内部拆卸图。

而反观普通的机械磁盘，其数据读写是靠盘片的高速旋转所产生的气流来托起磁头，使得磁头无限接近盘片，而又不接触，并由步进电机来推动磁头进行换道数据读取，所以其内部构造相对较为复杂，也较为精密，一般情况下不允许拆卸。一旦人为拆卸，极有可能造成损害，导致磁盘无法正常工作。这也是为何在对磁盘进行评测时，我们基本看不到关于磁盘拆卸图的原因。

随着20世纪90年代Internet的迅猛发展，数据存储也进入了网络时代，磁盘阵列通过光纤通道（Fiber Channel，FC）协议、Internet小型计算机系统接口（Internet Small Computer System Interface，iSCSI）、网络文件系统（Network File System，NFS）协议、通用Internet文件系统（Common Internet File System，CIFS）协议等接口协议以不同的方式连接到一起。

据前瞻产业研究院发布的《云计算产业发展前景预测与投资分析报告》数据显示，2020年全球云市场规模达到4 114亿美元，2018—2020年年复合增速达到16.5%，如图4-1所示。

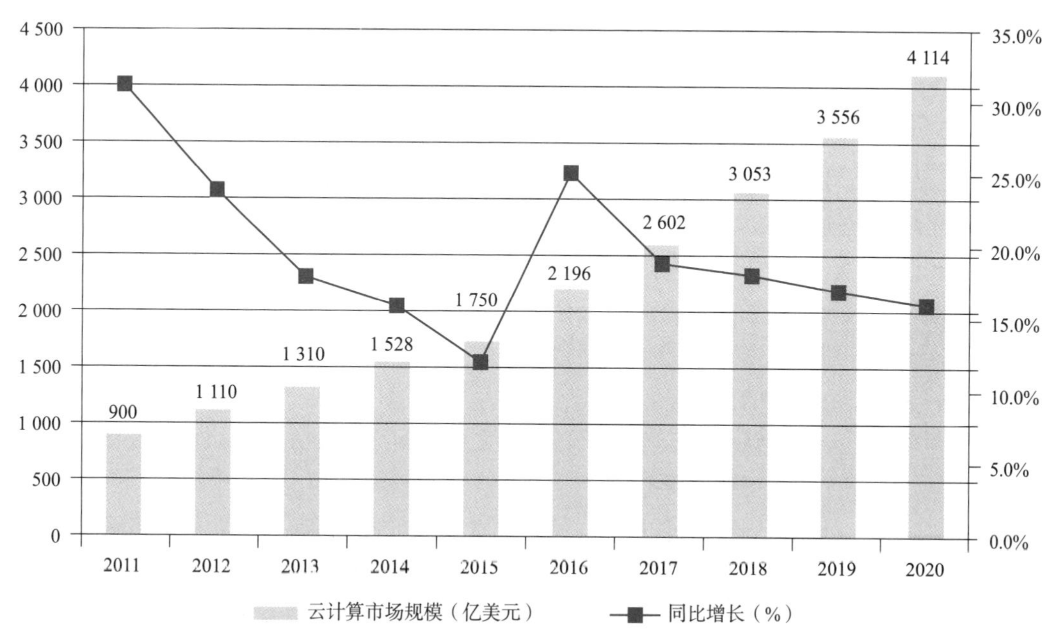

图4-1　全球云市场规模

近几年，互联网的发展和互联网应用的兴起，网络、数字设备、数字化解决方案在家庭、企业、政府中进一步普及，存储需求也呈爆发性增长。

2. 云存储服务起源

实际上，云存储的 SaaS 服务早在 10 多年前便已随着基于互联网的E-mail系统而萌芽（最早由Hotmail推出，如今Gmail成了这一领域的象征）。Web 2.0和网络发展引爆种种热门的服务，从 Dropbox 网盘到Evernote笔记，从Facebook到Twitter，也都是建立在云存储的机制之上。可以说，不是每个网民都知道云存储的存在，但至少有八成网民已经生活在了云端。

在 IaaS 服务方面，云存储最早来源于互联网企业，其中较成功的是亚马逊简易存储服务（Amazon Simple Storage Service，Amazon S3）。Amazon S3 提供了一个简单的 Web 服务接口，可用于在任意时间、任意地点存储和检索任意数量的数据，提供高可用性、可靠安全的数据存储以及快速廉价的基础存储设施。开发者可以通过Amazon S3来存储与自己业务相关的数据，包括图片、视频、音乐和文档等，以便在应用程序中使用。要做到这些，开发者只需付少量的费用[大约每月 15 美分/（GB・月）]，使用Amazon提供的HTTP REST 对象存储接口开发应用程序即可。

Amazon S3的初衷是为了屏蔽掉分布式存储的细节，使得网络应用的开发来得更加简单和快速。

Dropbox、Evernote、Amazon的成功让存储业界看到了云存储可以存在的形态和前景，作为敢于吃螃蟹的先行者，它们已经从中获取甜头，并成为了样本范例。由此，云存储成为了业界眼中的香饽饽、新的业务增长点。

4.2 云存储的概念与特点

4.2.1 云存储的概念

什么是云存储？这和云计算一样，是一个从混沌中走来的概念，就像盲人摸象一样，每个人摸到一部分，都对这个大象有自己的理解。

云存储的概念

有人认为云存储就是网盘，以Dropbox、Google Drive等为代表，但是网盘仅仅是最接近公众的云存储的一种表现形式，它把用户的文件数据存储至网络，以实现对数据的存储、归档、备份，满足我们对数据存储、使用、共享和保护的目的。

有人认为，云存储就是某种文档的网络存储方式，如Evernote（印象笔记）的笔记存储服务等。

还有人觉得云存储就是通过集群应用、网格技术或分布式文件系统等功能，将网络中大量各种不同类型的存储设备通过应用软件集合起来协同工作，共同对外提供数据存储和业务访问功能的一套系统设备。

事实上，到目前为止，云存储并没有行业权威的定义，但是业界对云存储初步达成了一个基本共识，云存储不仅是存储技术或设备，更是一种服务的创新。云存储的定义应该由以下两部分构成。

第一，在面向用户的服务形态方面，它是提供按需服务的应用模式，用户可通过网络连接云端存储资源，实现用户数据在云端随时随地的存储。

第二，在云存储服务构建方面，它是通过分布式、虚拟化、智能配置等技术，实现海量、可弹性扩展、低成本、低能耗的共享存储资源。

在云存储的服务架构方面，近年来，随着云存储技术及应用的快速发展，已经突破了原IaaS 层的单点定义，形成了包含云计算3层服务架构（IaaS、PaaS、SaaS）的技术体系。目前，云存储提供的服务主要集中在IaaS 和 SaaS 层。站在 IaaS 和 SaaS 的角度看，其内涵是不一样的。站在IaaS 的角度，云存储的服务提供的是一种对数据存储、归档、备份的服务；而站在 SaaS 的角度，云存储服务就显得非常多姿多彩了，可以是在线备份、文档笔记的保存、网盘业务、照片的保存和分享、家庭录像等。单纯作为IaaS 业务来提供云存储服务的供应商有Amazon的S3，而作为SaaS 业务来提供云存储的供应商就多了，如Evernote、Google Docs等。

下面举一个用户使用云存储 IaaS 服务的例子来帮助大家在使用场景中进一步理解云存储的概念。

某企业在搭建业务平台时，未采购大量物理存储设备，而通过远程在云存储 IaaS 服务提供商的网站上下单，购买一定可靠性、安全性级别的云存储空间服务。服务在下单完成后 10 分钟内迅速生效，企业即获得了可通过Internet远程访问使用的存储资源。

企业和企业的用户可以快速访问存储资源；企业还可享受所购买的存储服务，如数据多副本、热点数据加速访问、灵活的策略配置等。同时，存储资源可以依据企业使用情况弹性扩展。企业依据实际使用的存储空间情况支付相应的费用。

通过使用云存储，企业获得了以下好处：

① 节约了采购存储设备的成本。

② 缩短了系统建设周期。

③ 减少了维护存储设备的人力和资源费用。

另一方面，云存储服务商通过云化的管理，也获得了不少益处。

① 自身的存储资源整合后，将多余的存储空间租赁给企业，不仅有效利用了资源，也降低了运营成本。

② 快速便捷地为用户部署了远程存储资源，颠覆了用户对存储设备部署的体验。

③ 云存储虚拟化和智能管理技术使服务商能够对云存储系统进行简便、高效的运营维护。

4.2.2　云存储的特点

1. 云存储与传统存储的对比

云存储作为目前存储领域的一个新兴产物，难免会与传统存储进行比较，以下从架构、服务模式、容量、数据管理四个方面对两者进行比较。

（1）架构

云存储不能简单地被看作是一种架构，更应该是一种服务，其底层主要采用的是集群式的分布式架构，是通过软硬件虚拟化而提供的一种服务方式。

传统存储的架构主要是针对某个特殊领域应用而采用专门、特定的硬件组件，包括服务器、磁盘阵列、控制器、系统接口等构成的架构，进行单一服务。

（2）服务模式

按需使用、按需付费是云存储区别于传统存储的一大亮点。用户可以花更大的成本和更多的费用享受更多的资源和服务。

传统存储的商业模式是：用户需要根据服务提供商所制定的某种规则购买相关的套餐费用或者是支付整套的硬件和软件费用，甚至还需要额外的软件版权费用和硬件维护等相关费用。

（3）容量

云存储具备海量存储的特点，同时拥有很好的可扩展性能，因此支持并可根据需要提供线性扩展至PB级存储服务。

传统的存储通过专用阵列也能达到PB级容量，但其管理和维护上将会存在瓶颈，而且成本也相当昂贵。

（4）数据管理

云存储在设计之初就考虑了如何对数据进行管理并且确保数据安全和可用，因此采用保护数据安全的策略，采取如可擦除代码（Erasure Code，EC）、安全套接层（Secure Sockets Layer，SSL）、访问控制列表（Access Control List，ACL）等多重保护策略和技术。数据在云存储中是分布存放的，同时也采用相关的备份技术和算法，从而保证了数据可靠性、数据可恢复性和系统弹性可扩展性等特点，同时确保硬件损坏、数据丢失等不可预知的条件下的数据可用性和完整性，并且服务不中断。

传统的存储未采用更多的技术措施来确保数据可用性等，并且用户数据所归属的磁盘位置，也是服务提供商所知晓的，因此信息安全上存在风险。另外，一般的存储在系统升级时，往往用户都被告知其数据暂停使用。

2. 云存储的技术特点

（1）可靠性

当前，云存储系统通常为海量用户提供存储服务，其可靠性对于所有用户，乃至于整个社会运转都具有极其重要的意义。其系统内通常包含大量普通商业软硬件部件，面临各种失效风险，通过增加冗余度提高可靠性的方法受到可靠性原理、成本和性能等各个方面的制约。因此，在保证高可靠性的前提下，提高云存储系统的运行整体效率成为当前亟需解决的重大难题。

针对云存储系统高效、可靠性的要求，有一种解决思路是：从实际失效数据分析和建立统计模型着手，理解软硬件失效规律，根据不同的服务需要设计多种新型冗余编码模式，然后在系统内按照这些模式构建具有不同容错能力、存取和重构性能等特性的功能区。通过负载、数据集和设备在功能区之间自动匹配和流动，实现系统内数据的最优化布局，并在站点间提供全局精简配置和公用网络数据及带宽复用等高效容灾机制，从而在增加云存储系统整体数据可用性的同时，提高系统整体的运行效率。

（2）可用性

企业需要支持在不同时区的用户并保证全天候的可用性。虽然服务级别协议（SLA）一般与可用性密不可分，但是从业务角度看，它难以衡量，因为有多种架构的复合SLA的重叠。

当前，市场上大多数云存储平台中，I/O 性能最先得到考虑。对于云存储平台来说，冗余的架构部分和途径是减少停机风险的最佳方式。当前，云存储服务提供商在考虑成本的同时，继续增加服务的可用性。然而，目前市场上的服务级别协议不能满足企业关键应用的需求。

在云存储中提供的存储方案，包括多路径、控制器、不同的光纤网、RAID 技术、端到端的架构控制/监控和成熟的变更管理过程，从而提高了云存储的可用性。

（3）安全性

过去，安全指的是周边安全，确保周边不允许未经授权的访问。在一个虚拟世界，通过虚拟 IT 服务，一个物理周边已经不复存在了。因此，企业必须假设所有传输的数据可能潜在被截取的隐患。一个系统上没有物理控制，这些规则的执行必须依赖其他方法来限制信息的访问。

加密是限制访问有意义的信息的一种重要的方法。因此，当 IT 服务通过云交付时，加密成为了安全的一个重要组成。云存储的问题非常有挑战性，因为数据必须以加密的形式存储和保存。如果加密密钥本身丢失或损坏，数据本身也就相应地丢失或损坏了。因此，数据分片混淆存储作为一种替代的方案，实现了用户数据的私密性。

（4）规范化

2010年4月，SNIA 公布了云存储标准——CDMI规范。SNIA 表示，CDMI是一个直接的规范，能够让大多数旧的非云存储产品访问方式演进成云存储访问。它提供了数据中心利用云存储的方式。数据中心对现有网络存储资源的访问应该可以相当轻松和透明地切换到CDMI云存储资源。

但是，CDMI规范的不足之处是并没有提供通过可靠性和质量来衡量云存储服务提供商质量的方式，它不能绝对防止数据丢失这样风险的存在。所以，云存储服务提供商可以在遵循CDMI规范的基础上对服务、流程、接口、运营、运维等从业务层到技术层，从前端到后端等各个方面进行统一的规范，进而更好地提供云存储服务。

同时，CDMI 规范并没能在业界大量应用。市场现有的云存储服务平台，如Amazon S3、Microsoft Azure以及Google Drive，均采用了自己的私有接口规范。云存储数据管理的规范化工作，有待云存储服务提供商和标准组织的进一步努力。

（5）低成本

云存储具有通过使用其能力及服务降低企业级存储成本的能力，这包括购置存储的成本、驱动存储的成本、修复存储的成本（当驱动器出现故障时）以及管理存储的成本。

云存储解决方案内的一个例子是：一家名为 Backblaze的公司着手为云存储产品构建廉价存储。一个Backblaze POD（存储架）在一个4U 机箱中具有67 TB的数据包，价格不到8000美元。这个数据包含有一个4U机箱、一个主板、4 GB 的DRAM、4个SATA 控制器、45个1.5 TB SATA硬盘和两个电源。在主板上，Backblaze运行Linux（以JFS 作为文件系统）且以GE NICs作为前端，使用HTTPS 和Apache Tomcat。Backblaze的软件包括重复数据删除、加密功能和用于数据保护的RAID6。

所以，云存储及服务可以将企业级存储成本大幅降低，使云存储成为一个可行且经济高效的选择。

4.3 存储空间管理

简单来讲，存储空间就是存储的物理空间，存储空间管理的方式有很多种。在本书中，我们主要介绍卷、RAID 技术及逻辑单元号3种。

卷和RAID

4.3.1 卷

卷，其本质就是硬盘上的存储区域。一个硬盘可以包括好多卷，一卷也可以跨越许多磁盘。在Windows系统中，可以使用一种文件系统（如 FAT 或 NTFS）对卷进行格式化并为其分配驱动器号。

为了能更好地理解卷，我们首先介绍基本磁盘和动态磁盘的概念。磁盘的使用方式可以分为两类："基本磁盘"和"动态磁盘"。

"基本磁盘"非常常见，我们平常使用的磁盘基本上都是"基本磁盘"。"基本磁盘"受 26 个英文字母的限制，也就是说，磁盘的盘符只能是 26个英文字母中的一个。因为A、B 已经被软驱占用，实际上磁盘可用的盘符只有C ~ Z 24个。另外，在"基本磁盘"上只能建立4个主分区（注意：是主分区，而不是扩展分区）。

另一种磁盘类型是"动态磁盘"。"动态磁盘"不受 26 个英文字母的限制，它是用"卷"来命名的。"动态磁盘"的最大优点是可以将磁盘容量扩展到非邻近的磁盘空间。

那么，对应卷来说，也分为基本卷和动态卷。以Windows系统为例，基本卷就是驻留在基本磁盘上的主磁盘分区或逻辑驱动器，而驻留在动态磁盘上的卷就是动态卷。Windows支持5种类型的动态卷：简单卷、带区卷、跨区卷、镜像卷和RAID-5卷。为了便于理解，下文将以Windows系统为例，分别介绍这5种动态卷。

1. 简单卷

简单卷是物理磁盘的一部分，它工作时就好像是物理上的一个独立单元，通过将卷扩展到相同或不同磁盘上的未分配空间上，以增加现有简单卷的大小。

要扩展简单卷，该卷必须尚未格式化，也可将简单卷扩展到同一计算机上其他动态磁盘的区域中。当将简单卷扩展到一个或多个其他磁盘时，它将变为一个跨区卷。

2. 跨区卷

跨区卷必须建立在动态磁盘上，是一种和简单卷结构相似的动态卷。其将来自多个磁盘的未分配空间合并到一个逻辑卷中，这样可以更有效地使用多个磁盘系统上的所有空间和所有驱动器号。

如果需要创建卷，但又没有足够的未分配空间分配给单个磁盘上的卷，则可通过将来自多个磁盘的未分配空间的扇区合并到一个跨区卷来创建足够大的卷。用于创建跨区卷的未分配空间区域的大小可以不同。先将一个磁盘上为卷分配的空间充满，然后从下一个磁盘开始，再将该磁盘上为卷分配的空间充满。

跨区卷可以在不使用装入点的情况下获得更多磁盘上的数据。通过将多个磁盘使用的空间合并为一个跨区卷，从而可以释放驱动器号用于其他用途，并可创建一个较大的卷用于文件系统。

增加现有卷的容量称作“扩展”，只能使用 NTFS 文件系统格式化的现有跨区卷可由所有磁盘上未分配空间的总量进行扩展。但是，在扩展跨区卷之后，不删除整个跨区卷便无法删除它的任何部分。

3. 带区卷

带区卷由两块或两块以上的硬盘组成，也是一种动态卷，必须创建在动态磁盘上。当文件存到带区卷时，系统会将数据分散存于各块硬盘的空间，若使用专业的硬件设备和磁盘（如阵列卡、SCSI硬盘等），可提高文件的访问效率，并降低CPU 的负荷。

利用带区卷，可以将数据分块，并按一定的顺序在阵列中的所有磁盘上分布数据，与跨区卷类似。带区可以同时对所有磁盘进行写数据操作，从而可以相同的速率向所有磁盘写数据。在理论上，带区卷的读写速度是带区卷所跨越的所有 n 个硬盘中最慢的一个的 n 倍。

带区卷使用 RAID-0，从而可以在多个磁盘上分布数据。带区卷不能被扩展或镜像，并且不提供容错。如果包含带区卷的其中一个磁盘出现故障，则整个卷无法工作。

4. 镜像卷

镜像卷是具有容错能力的动态卷，它通过使用卷的两个副本或镜像复制存储在卷上的数据，从而提供数据冗余性，写入到镜像卷上的所有数据都写入位于独立的物理磁盘上的两个镜像中。

如果其中一个物理磁盘出现故障，则该故障磁盘上的数据将不可用，但是系统可以使用未受影响的磁盘继续操作。当镜像卷中的一个镜像出现故障时，则必须将该镜像卷中断，使得另一个镜像成为具有独立驱动器号的卷。然后可以在其他磁盘中创建新镜像卷，该卷的可用空间应与之相同或更大。

当创建镜像卷时，最好使用大小、型号和制造商都相同的磁盘。

5. RAID-5卷

RAID 又称“廉价磁盘冗余阵列”或“独立磁盘的冗余阵列”。在RAID-5卷中，Windows 通过给该卷的每个硬盘分区中添加奇偶校验信息带区来实现容错。如果某个硬盘出现故障，Windows 便可以用其余硬盘上的数据和奇偶校验信息重建发生故障的硬盘上的数据。

由于要计算奇偶校验信息，所以RAID-5 卷上的写操作要比镜像卷上的写操作慢一些。但是，RAID-5 卷由于能比镜像卷提供更好的读性能，因此RAID-5 卷适合于大规模序列化读写操作。

与镜像卷相比，RAID-5 卷的性价比较高，而且 RAID-5 卷中的硬盘数量越多，冗余数据带区的成本越低。

4.3.2 RAID 技术

RAID 为廉价磁盘冗余阵列。RAID 技术将一个个单独的磁盘以不同的组合方式形成一个逻辑硬盘，从而提高磁盘读取的性能和数据的安全性。不同的组合方式可用RAID 级别来标识。

RAID 技术是由美国加州大学伯克利分校D．A．Patterson教授在1988年提出的，作为高性能、高可靠的存储技术，在今天已经得到了广泛的应用。

1．RAID 级别

RAID 技术经过不断的发展，现在已拥有了从RAID0到RAID5一共6种明确标准级别的RAID 级别。另外，还有6、7、10（RAID1与RAID0的组合）、01（RAID0与RAID1的组合）、30（RAID3与RAID0的组合）、50（RAID5与RAID0的组合）等。

不同的RAID 级别代表着不同的存储性能、数据安全性和存储成本。下面着重介绍常用的RAID0、RAID1、RAID5和RAID10。

（1）RAID0

RAID0也称为条带化（Stripe），将数据分成一定的大小顺序写到阵列的磁盘里。RAID0可以并行地执行读写操作，可以充分利用总线的带宽。理论上讲，一个由N个磁盘组成的RAID0系统，它的读写性能将是单个磁盘读取性能的N倍，且磁盘空间的存储效率最大（100%）。RAID0有一个明显的缺点：不提供数据冗余保护，一旦数据损坏，将无法恢复。RAID0示意图如图4-2所示。

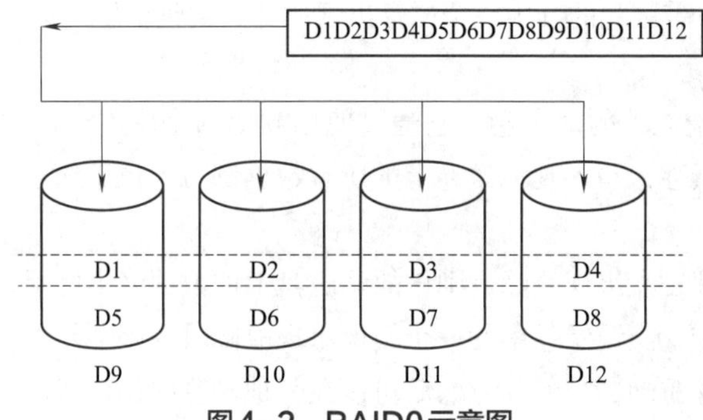

图4-2　RAID0示意图

如图4-2所示，系统向RAID0系统（由4个磁盘组成）发出的I/O 数据请求被转化为4项操作，其中每一项操作都对应于一块物理硬盘。通过建立RAID0，原先顺序的数据请求被分散到4块硬盘中同时执行。从理论上讲，4块硬盘的并行操作使同一时间内磁盘的读写速度提升了4倍。但由于总线带宽等多种因素的影响，实际的提升速率会低于理论值。但是，大量数据并行传输与串行传输比较，性能必然大幅提高。

（2）RAID1

RAID1称为镜像（Mirror），它将数据完全一致地分别写到工作磁盘和镜像磁盘，因此它的磁盘空间利用率为 50%，在数据写入时时间会有影响，但是读的时候没有任何影响。RAID0提供了最佳的数据保护，一旦工作磁盘发生故障，系统自动从镜像磁盘读取数据，不会影响用户工作。RAID1主要应用于对数据保护极为重视的应用方面。RAID1示意图如图4-3所示，图中D1、D2、D3、D4可以理解为数据1、数据2、数据3、数据4。

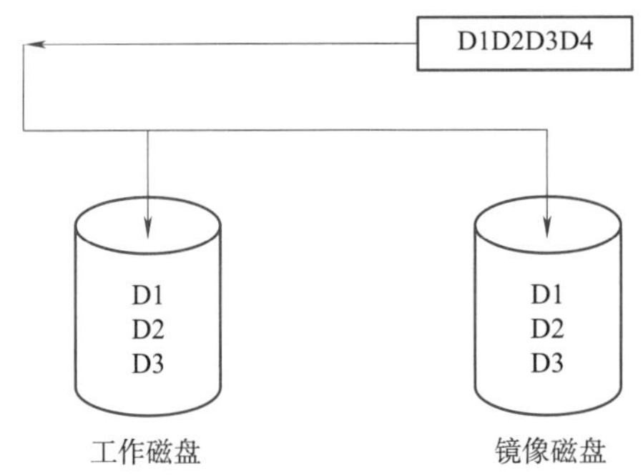

图4-3　RAID1示意图

（3）RAID5

RAID5 是一种存储性能、数据安全和存储成本兼顾的存储方案。RAID5阵列的磁盘上既有数据，也有数据校验信息，数据块和对应的校验信息会存储于不同的磁盘上，当一个数据盘损坏时，系统可以根据同一带区的其他数据块和对应的校验信息来重构损坏的数据。RAID5示意图如图4-4所示。

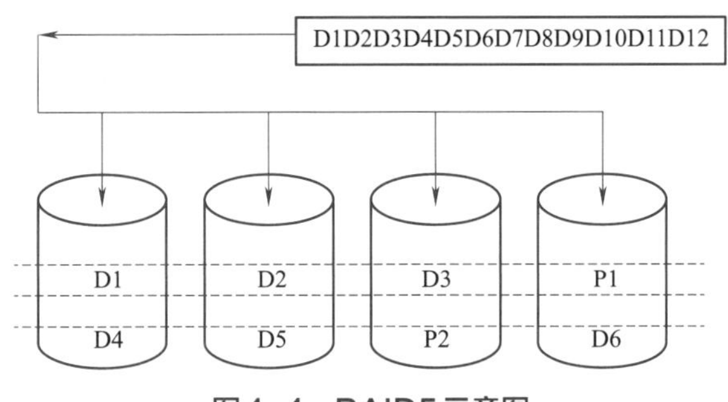

图4-4　RAID5示意图

RAID5 可以理解为是 RAID0 和 RAID1 的折中方案。RAID5 可以为系统提供数据安全保障，但保障程度要比 RAID1 低，而磁盘空间利用率要比RAID1高。RAID5具有和RAID0近似的数据读取速度，只是多了一个奇偶校验信息，写入数据的速度比对单个磁盘进行写入操作稍慢。同时，由于多个数据对应一个奇偶校验信息，RAID5 的磁盘空间利用率要比RAID1高，存储成本相对较低。

RAID5在数据盘损坏时的情况和RAID3相似，由于需要重构数据，所以性能会受到影响。

（4）RAID10

RAID10 是 RAID1 和 RAID0 的结合，也称为 RAID（0+1），先做镜像，然后做条带化，既提高了系统的读写性能，又提供了数据冗余保护。RAID10的磁盘空间利用率和RAID1是一样的，为50%。RAID10适用于既有大量的数据需要存储，又对数据安全性有严格要求的领域，如金融和证券等。RAID10示意图如图4-5所示。

（5）JBOD

JBOD（Just Bundle Of Disks）译成中文是“简单磁盘捆绑”，通常又称为Span。JBOD 不是标准的RAID 级别，只是在近几年才被一些厂家提出，并被广泛采用。

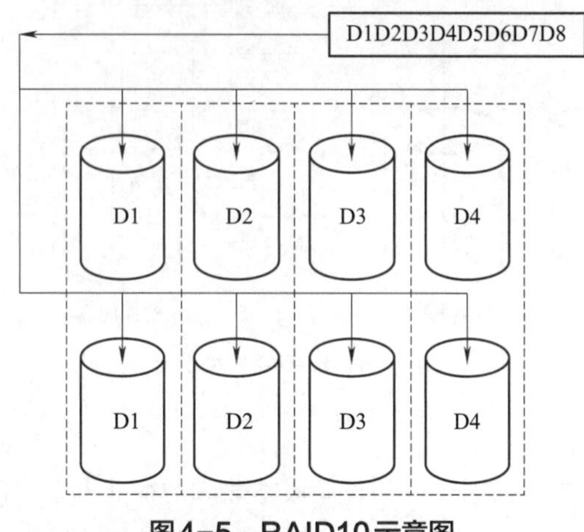

图4-5 RAID10示意图

JBOD 是在逻辑上把几个物理磁盘一个接一个串联到一起，从而提供一个大的逻辑磁盘。JBOD 上的数据简单地从第一个磁盘开始存储，当第一个磁盘的存储空间用完后，再依次从后面的磁盘开始存储数据。

JBOD 存取性能完全等同于对单一磁盘的存取操作，JBOD 也不提供数据安全保障。它只是简单地提供一种利用磁盘空间的方法。JBOD 的存储容量等于组成JBOD 的所有磁盘的容量总和。

2. 不同RAID 级别的对比

在各个RAID 级别中，使用最广泛的是RAID0、RAID1、RAID10和RAID5。

RAID0，将数据分成条带顺序写入一组磁盘中。RAID0不提供冗余功能，但是却提供了卓越的吞吐性能，因为读写数据是在一组磁盘中的每个磁盘上同时处理的，吞吐性能远远超过单个磁盘的读写性能。

RAID1，每次写操作都分别写两份到数据盘和校验盘上，每对数据盘和校验盘成为镜像磁盘组。也可使用并发的方式来读数据，提高吞吐性能。如果镜像磁盘组中的某块磁盘出错，则数据可以从另外一块磁盘获得，而不会影响系统的性能，然后，使用一块备用磁盘将健康磁盘中的数据复制出来，这两块磁盘又组成新的镜像组。

RAID10，即 RAID1 与 RAID0的结合，既做镜像，又做条带化，数据先镜像，再做条带化。这样，数据存储既保证了可靠性，又极大地提高了吞吐性能。RAID01 也是RAID0与RAID1的结合，但它是对条带化后的数据进行镜像。与RAID10不同，一个磁盘的丢失等同于整个镜像条带的丢失，所以一旦镜像盘失败，存储系统就成为一个 RAID0 系统（即只有条带化）。

RAID5是将数据校验循环分散到各个磁盘中，它像RAID0 一样将数据条带化分散写到一组磁盘中，但同时生成校验数据，作为冗余和容错使用。校验磁盘包含了所有条带的数据的校验信息。RAID5将校验信息轮流写入条带磁盘组的各个磁盘中，即每个磁盘上既有数据信息，同时又有校验信息，RAID5的性能得益于数据的条带化，但是某个磁盘的失败却将引起整个系统的下降。这是因为系统在承担读写任务的同时，重新构建和计算出失败磁盘上的数据，此时要使用备用磁盘对失败磁盘的数据进行重建，以恢复整个系统的健康。

从一个普通应用来讲，要求存储系统具有良好的 I/O 性能，同时也要求对数据安全做好保护工作。所以，RAID10 和 RAID5 应该成为我们重点关注的对象。

4.3.3　逻辑单元号

LUN（Logical Unit Number，逻辑单元号），我们知道，SCSI（Small Computer System Interface，小型计算机系统接口）总线上可挂接的设备数量是有限的，一般为 6 个或 15 个，可以用对象设备 ID，即 Target ID（也有称为 SCSI ID 的）来描述这些设备，设备只要一加入系统，就有一个代号，在区分设备的时候，只用说其代号就可以了。

而实际上需要用来描述的对象是远远超过该数字的，于是引进了逻辑单元号（Logical Unit Number，LUN）的概念。也就是说，LUN ID 的作用是扩充了 Target ID。每个对象设备下都可以有多个 LUN 设备，通常简称 LUN 设备为 LUN，这样就可以说每个设备的描述由原来的 Target x 变成 Target x LUN y 了。显而易见的，描述设备的能力增强了。

所以可以看出，LUN 就是为了使用和描述更多设备及对象而引进的一个方法而已，并没有什么特别的地方。

那么，到底 LUN 是什么呢？

LUN ID 不等于某个设备，它只是个号码而已，不代表任何实体属性，在实际环境中，碰到的 LUN 可能是磁盘空间，可能是磁带机，或者是其他存储设备、介质、空间等。

LUN 的神秘之处在于，它很多时候不是什么可见的实体，而是一些虚拟的对象。比如一个阵列柜，主机那边看作是一个对象设备，为了某些特殊需要，要将磁盘阵列柜的磁盘空间划分成若干个小的单元给主机用，于是就产生了一些逻辑驱动器的说法，也就是比对象设备级别更低的逻辑对象，我们习惯于把这些更小的磁盘资源称之为 LUN0、LUN1、LUN2…而操作系统的机制使然，操作系统能识别的最小存储对象级别就是 LUN Device，这是一个逻辑对象，所以很多时候称为逻辑设备。

有人说，“在我的 Windows 中，就认到一个磁盘，没看到什么 LUN 的说法”，那是不是说 LUN 就是物理磁盘呢？回答是否定的。其实在磁盘的属性里就可以看到有一个 LUN 的值，只是因为磁盘没有被划分为多个存储资源对象，而是将整个磁盘当作一个 LUN 来用，LUN ID 默认为 0，如此而已。

假设有一个磁盘阵列，连到了两台主机上，划分了一个 LUN 给两台主机，然后想先在操作系统中将磁盘分为两个分区，让两台主机分别使用两个分区，当某一台主机宕机之后，使用集群软件将该分区切换到另外一台主机上去，这样可行吗？答案也是否定的。因为集群软件操作的磁盘单元是 LUN，而不是分区，所以该操作是不可行的。当然，在一些环境中，一般也是一些要求比较低的环境，可以在多台主机上挂载不同的磁盘分区，但是这种情况下，实际上是没有涉及磁盘的切换的，所以在一些高要求的环境中，这种情况根本就不允许存在。

还要说明的是，在有些厂商和有些产品的概念中，LUN ID 被绑定到了具体的设备上，比如IBM的一些带库，整个带库只有一个对象设备ID，然后带库设备被分配为LUN0、LUN1、LUN2……但是我们要注意到，这只是产品做了特别设计，也是少数情况。

1. 存储和主机的LUN

可能有些人会把阵列中的磁盘和主机的内部磁盘的一些概念混淆。在磁盘阵列和磁带库大行其道的时代，存储越来越智能化，越来越像一个独立的机器。实际上，存储和主机的独立本来就是一个必然趋势。在存储越来越重要的时代，存储要“自立门户”是必然的事。

如果把存储当作一个独立的主机来看，理解起来就很简单了。LUN 的概念分为两个层面：一个层面就是在阵列这个机器的操作系统识别到的范围，另一个层面就是服务器的操作系统识别到的范围。这两个层面是相对独立的，因为如果把存储当作一个主机来看，那么它自然有自己的设备、对象、LUN 之说，而服务器也有自己的设备、对象、LUN 之说。

另一方面，这两个层面又是相互关联的。一个阵列的控制系统，大多都有虚拟化的功能，阵列想让主机看到什么样的东西，主机才能看到相应的东西。当然，服务器识别到的最小的存储资源，就是 LUN 级别的。那么主机的HBA 卡（光纤存储卡）看到的存储上的存储资源主要就靠存储系统的控制器（Target）和LUN ID来定位。这个LUN 是由存储的控制系统给定的，是存储系统的某部分存储资源。

2. LUN 与卷

LUN 是对存储设备而言的，Volume 是对主机而言的。该如何去理解呢？

首先选择存储设备上的多个硬盘形成一个RAID 组，再在RAID 组的基础上创建一个或多个LUN（一般创建一个LUN）。许多厂商的存储设备只支持一个RAID 组上创建一个LUN。此时LUN 相对于存储设备来说是一个逻辑设备。

而当网络中的主机连接到存储设备时，就可以识别到存储设备上的逻辑设备LUN，此时LUN 相对于主机来说就是一个“物理磁盘”，与C 盘、D 盘所在磁盘的属性是相同的。在该“物理磁盘”上创建一个或多个分区，再创建文件系统，才可以得到一个卷。此时卷相对于主机而言是一个逻辑设备。

另外，从容量大小方面，卷、分区、LUN、RAID的关系为：卷=分区≤主机设备管理器中的磁盘=LUN≤RAID≤存储设备中硬盘的总容量。

4.4 实践任务

云空间最大的优势之一是方便存储，而存储最需要空间，目前来讲，其他云盘都只提供最少1～2 GB，多至7、8 GB，不超过10 GB，否则就得花钱购买了。百度云提供的免费空间，可以提供2 048 GB，也比较稳定，安全方面也有保障。

① 打开百度网页，在搜索框中输入“百度网盘”，再单击“百度一下”按钮，如图4-6所示。

图4-6　搜索百度网盘

② 进入百度网盘的官网，如图4-7所示，根据自己需要选择下面方框中的内容进行安装，可以安装在移动端，也可以安装在PC端。

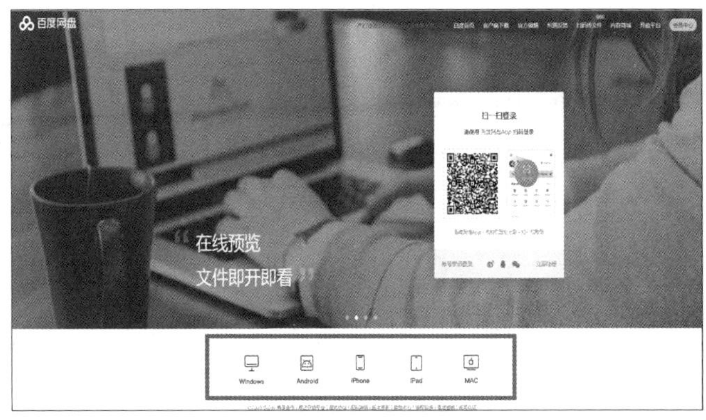

图4-7　百度网盘的官网

③ 注册账号，可以利用微博、QQ或者微信进行登录，也可以另外注册账号，如图4-8所示，录入相应信息进行注册即可。

图 4-8　注册新的百度账号

④ 注册成功之后即可登录百度网盘，如图4-9所示，可以单击方框中的“新建文件夹”按钮，创建文件夹，便于对文件进行分类管理。

图4-9　新建文件夹

⑤ 如果要把文件上传到网盘中，以PC端为例，可以单击“上传”按钮，如图4-10所示，选择“上传文件”或者“上传文件夹”命令，根据弹出的窗口选择文件或者文件夹即可上传。

图4-10　上传文档

⑥ 如果需要对资源进行分享，可以选择要分享的文件夹或者文件（可多选），单击图4-11所示的分享按钮，选择创建链接或者发给好友分享，如图4-12所示。完成以上步骤，你就有了一个属于自己专属的网盘了，而且相当于超大的U盘。

图4-11　分享资料

图4-12　创建链接或者发送好友进行分享

小　结

本章主要介绍了云存储的起源、云存储的基本概念和存储空间的几种管理方式。当云计算系统运算和处理的核心是大量数据的存储和管理时，云计算系统中就需要配置大量的存储设备，那么云计算系统就转变为一个云存储系统，所以云存储是一个以数据存储和管理为核心的云计算系统。简单来说，云存储就是将储存资源放到云上供人存取的一种新兴方案。使用者可以在任何时间、任何地方，通过任何可连网的装置连接到云上方便地存取数据。

习　题

一、选择题

1．亚马逊AWS提供的云计算服务类型是（　　）。

A．IaaS　　B．PaaS　　C．SaaS　　D．以上三个选项都是

2．Windows Azure属于云服务的（　　）。

A．SaaS　　B．PaaS　　C．IaaS　　D．以上三个选项都是

3．Google Docs属于云服务的（　　）。

A．SaaS　　B．PaaS　　C．IaaS　　D．以上三个选项都是

4．下列关于云存储的描述不正确的是（　　）。

A．需要通过集群应用、网络技术或分布式文件系统等技术实现

B．可以将网络中大量各种不同类型的存储设备通过应用软件集合起来协同工作

C．“云储存对于使用者来讲是透明的”，也就是说使用者清楚存储设备的品牌、型号的具体细节

D．云存储通过服务的形式提供给用户使用

5．存储虚拟化的原理是利用高性能存储平台作为一级存储，其他存储作为二级存储，统一构建一个存储池，其内部数据可以自由“流动”，前端业务部感知（　　）。

A．正确　　B．错误

二、填空题

1．云存储的技术特点：____________________。

2．RAID 又称__________或__________。

3．JBOD（Just Bundle Of Disks）译成中文是“简单磁盘捆绑”，通常又称为______。

4．云安全联盟发起于______年______月，______年在美国正式注册，并在当年的RSA______大会上宣布成立。

5．云存储的定义应该由以下两部分构成:____________________

6．云存储事实上是云计算中有关________________的一个部分。

三、简答题

1．简述RAID阵列级别RAID0、RAID1、RAID10、RAID5之间的区别。

2．简述块存储、文件存储、对象存储的区别。

3．通过使用云存储，企业获得了哪些好处？请简述。

4．与传统存储相比，云存储在架构、服务模式、容量和数据管理方面各有什么特点？

第5章 云 安 全

紧随云计算、云存储之后，云安全也出现了。云安全是我国企业创造的概念，在国际云计算领域独树一帜。云安全虽然经过多年发展已逐渐成熟，但是随着大数据等新业务场景不断扩展，云安全也面临着越来越多的挑战。

5.1 云计算面临的安全威胁与挑战

云计算是一种新的计算方式，它依托于互联网，以网络技术、分布式计算为基础，实现按需自服务、快速弹性构建、服务可测量等特点的新一代计算方式。然而，任何以互联网为基础的应用都存在着一定危险性，云计算也不例外，安全问题从云计算诞生那天开始就一直受人关注，其产生的危害和影响远比传统安全事件要大得多。

5.1.1 云安全事件

云安全事件

早期的互联网主要以木马、蠕虫或其他病毒获取操作系统权限，以体现个人能力为目的，威胁网络安全。随着云计算的发展，在利益的驱使下，黑客形成一套完整的产业链，以大流量的DDoS攻击、篡改网站、暴力破解、窃取数据、贩卖数据为目标，变得更隐蔽，分工明确的黑色产业，典型事件如下：

2014年4月，爆发了震惊互联网的Heartbleed漏洞，Openssl不断被爆出大范围漏洞，该漏洞是近年来影响最广泛的高危漏洞，涉及各个门户网站，该漏洞可用于窃取服务器敏感信息，获取互联网交易中的用户名和密码，从而对电商、网银、金融等互联网企业和个人造成经济损失。

2016年5月，俄罗斯黑客策划并实现了一场大规模的数据泄露事故。在此次网络攻击中，黑客盗取了2.723亿个账号，以俄罗斯最受欢迎的电子邮件服务Mai1.ru用户为主，此外还有 Gmail地址、雅虎以及微软电邮 Hotmail用户。据路透社称，数以亿计的数据在非法渠道出售。

2016年，DoS攻击，其中最典型的是Dyn事件。2016年10月21日，提供动态DNS服务的Dyn DNS遭到了大规模DDoS攻击，攻击主要影响其位于美国东区的服务。此次攻击导致许多使用Dyn DNS服务的网站遭遇访问问题，其中包括Github、Twitter、Airbnb、Reddit、

Freshbooks、Heroku、Soundcloud、Spotify和Shopify。攻击导致这些网站一度瘫痪，Twitter甚至出现了近24小时0访问的局面。

2017年5月12日20时左右，新型“虫”式勒索病毒爆发，不法分子利用NSA泄露的危险漏洞“Eternalblue（永恒之蓝）”进行传播。全球至少150个国家、30万用户中毒，被感染后，受害者计算机会被黑客锁定，大量重要文件被黑客进行加密，导致受害者的文件无法正常打开，并且勒索受害者必须支付价值相当于300美元的比特币才能够解锁。而如果在72小时之内不支付，这一数额将会翻倍，一周之内不支付将会无法解锁。

传统的信息安全时代主要采用隔离作为安全手段，具体分为物理隔离、内外网隔离、加密隔离，实践证明这种隔离手段针对传统T架构能起到有效的防护。同时这种隔离为主的安全体系催生了一批以硬件销售为主的安全公司，例如各种Firewall（防火墙）、IDS/IPS（入侵检测系统／入侵防御系统）、WAF（Web应用用防火墙）、UTM（统一威胁管理）、SSL网关、加密机等。在这种隔离思想下，导致了长久以来信息安全和应用相对独立的发展，传统信息安全表现出分散、对应用的封闭和硬件厂商强耦合的特点。

但随着云计算的兴起，这种隔离为主体思想的传统信息安全在新的IT架构中已经日益难以应对了。公有云的典型场景是多租户共享，但和传统IT架构相比，原来的可信边界彻底被打破了，威胁可能直接来自于相邻租户。攻击者一旦通过某0day[①]漏洞实现虚拟潜入到宿主机，从而可以控制这台宿主机上的所有虚拟机。同时更致命的是，整个集群节点间通信的API默认都是可信的，因此可以从这台宿主机与集群消息队列交互，进而集群消息队列会被攻击者控制，导致整个系统受到威胁。

而从用户的角度来看，未来安全设备的开放化、可编程化很可能是个趋势，软件定义信息安全（Software Defined Infomation Security，SDIS）这个概念正是为用户的这种诉求而生。它的精髓在于打破了安全设备的生态封闭性，在尽量实现最小开放原则的同时，使得安全设备之间或安全设备与应用软件有效地互动以提升整体安全性，而非简单理解为增加了安全设备的风险敞口。SDIS是一种应用信息安全的设计理念，是一种架构思想，这种思想可以落地为具体的架构设计。因此从信息安全自身发展来看，要建立从硬件层、网络层、应用层和主机层的多个层面的安全防御体系，才能面对未来的威胁。云计算在各方面与传统IT相比发生了变化，势必带来新的问题。由于大数据的存在，云安全变得比以往更加复杂。利用大数据的分析，对用户的密码、IP、邮件等重要敏感信息进行恶意攻击、分析用户的行为等，产生恶意的行为数据库、样本库、漏洞库等，给犯罪分子提供可乘之机。

5.1.2　云安全产生的原因

由于云计算分布式架构的特点，数据可能存储在不同的地方，在数据安全方面风险最高的是数据泄露。用户虽然能够看到自己的数据，但是用户并不知道数据具体保存在什么位置，并且所有的数据都是由第三方来负责运营和维护，甚至有的数据是以明文的形式保存在数据库

① 0day漏洞最早的破解是专门针对软件的，即WAREZ，后来才发展到游戏、音乐、影视等其他内容。0day中的0表示zero，早期的0day表示在软件发行后的24小时内就出现破解版本，现在我们已经引申了这个含义，只要是在软件或者其他东西发布后，在最短时间内出现相关破解的，都可以称为0day。0day是一个统称，所有的破解都可以叫0day。

中，数据被用于广告宣传或者其他商业目的。因此数据泄露和用户对第三方维护的信任问题是云计算安全中考虑最多的问题。虽然数据中心的内外硬件设备能够对外来攻击提供一定程度的保护，而且这种防护的级别比用户自己要高很多，但是和数据相关的安全事件在各大云计算厂商中还是尴尬地出现在公众面前。

从技术层面看，云安全体系建立不完善、产品技术实力薄弱、平台易用性较差，造成用户使用困难。从运维层面看，运维人员部署不规范，没有按照流程操作，缺乏经验，操作失误或违规滥用权利，致使敏感信息外泄。从用户层面看，用户安全意识差，没有养成良好的安全习惯，缺乏专业的安全管理。或有严格的规章制度，但不执行，造成信息外泄等。三分技术，七分管理，严格的管理制度是整个系统安全的重要保障。

5.1.3　云安全联盟与中国云安全联盟

1. 云安全联盟

全球云安全联盟（Cloud Security Alliance，CSA）是中立的非营利世界性行业组织，致力于国际云计算安全的全面发展。云安全联盟的使命是“倡导使用最佳实践为云计算提供安全保障，并为云计算的正确使用提供教育以帮助确保所有其他计算平台的安全”。

云安全联盟发起于2008年12月，2009年在美国正式注册，并在当年的RSA大会上宣布成立。2011年，美国白宫在CSA峰会上宣布了美国联邦政府云计算战略，目前云安全联盟已协助美国、欧盟、日本、澳大利亚、新加坡等多国政府开展国家网络安全战略、国家身份战略、国家云计算战略、国家云安全标准、政府云安全框架、安全技术研究等工作。云安全联盟在全球拥有4个职业化大区实体（美洲区、欧洲区、亚太区、大中华区），近百个业余性地方分会，8万位个人会员，400多个公司/机构会员，为业界客户们提供安全标准认证和教育培训。中国区包括台湾、香港、澳门、北京，上海、杭州、深圳分会，中国最早的分会自2010年成立，云安全联盟中国办事处于2014年5月在中国落地，2015年与协调司合并，在北京、深圳、东莞等地设有办公室或工作组。自成立后，CSA迅速获得了业界的广泛认可，CSA标志如图5-1所示。

图5-1　CSA标志

CSA和ISACA、OWASP等业界组织建立了合作关系，很多国际领袖公司成为其企业成员。成员名单中涵盖了国际领先的电信运营商、IT和网络设备厂商、网络安全厂商、云计算提供商等。值得注意的是，中国领先的专业安全公司——绿盟科技成为中国，乃至亚太地区第一个企业成员。相信在不远的将来，企业成员中还会出现越来越多的中国知名和新兴企业机构的身影。云安全联盟作为国际云计算业界的权威组织，致力为云计算行业提供最佳安全解决方案。

目前云安全联盟包括10个工作组，输出的研究成果包括《云计算关键领域安全指南》《云控制矩阵》《云计算重点关键领域安全指南》《CSA云控制模型》等，已成为业界公认的标准或规范，致力于帮助企业在日趋激烈的云服务市场竞争中脱颖而出。

CSA的10个工作组：

① 结构及框架工作组（Architecture and Framework），主要负责技术结构和相关框架定义的研究。

② GRC、Audit、Physical、BCM、DR工作组，主要负责管理、风险控制、适应性、审计、传统及物理安全性、业务连续性管理和灾难恢复方面的研究。

③ 法律及电子发现工作组（Legal and eDiscovery），主要负责法律指导、合约问题、全球法律、电子发现及相关问题的研究。

④ 可移植性、互操作性及应用安全工作组（Portability, Interoperability and Application Security），主要负责应用层的安全问题研究并制定促进云服务提供商间互操作性及可移植性发展的指导意见。

⑤ 身份与接入管理、加密与密钥管理工作组（Identity and Access Mgt, Encryption & Key Mgt），主要负责身份及访问管理、密码及密钥管理问题的研究以及明确企业整合中出现的新问题及解决方案。

⑥ 数据中心运行及事故响应工作组（Data Center Operations and Incident Response），主要负责事故响应及取证问题的研究，并明确基于云的数据中心在运行中出现的相关新问题。

⑦ 信息生命周期管理及存储工作组（Information Lifecycle Management and Storage），主要负责云数据相关问题的研究。

⑧ 虚拟化及技术分类工作组（Virtualization and Technology Compartmentalization），主要负责如何对技术进行分类，包括但也不局限于虚拟化技术。

⑨ 安全即服务工作组（Security as a Service），主要负责研究如何通过云模式来提供安全解决方案。

⑩ 一致性评估工作组（Consensus Assessments Initiative），主要负责研究用于对云服务提供商进行一致性检验的工具和流程。

该联盟的官方网址为：https://cloudsecurityalliance.org/

2. 中国云安全联盟

中国云安全与新兴技术安全创新联盟（China Security Alliance of Cloud and Emerging Technology Innovation，C-CSA），简称“中国云安全联盟”，如图5-2所示。它挂靠在中国产学研合作促进会下，得到国务院和各部委认可，是中国第一个在安全行业全面对接国际产业和标准组织的非营利性组织。C-CSA现有上百家机构会员，5 000多位个人会员，同时管理十多个地方分会。

联盟作为国际产业组织的运营单位，与国际云安全联盟（CSA），隐私专家国际协会（IAPP）、信息安全论坛（INFOforum）等国际安全权威机构合作，代表其在华运营，包括引入标准、技术、课程等先进国际安全与隐私的优秀实践，并且协助网信办等中国政府机构把国内安全政策和最佳实践介绍到国外，这使得国际安全业务在中国自主可控。C-CSA致力将联盟发展为在国际有影响力的中国联盟，为中国在国际平台上发声。

图5-2　C-CSA 中国云安全联盟

（1）联盟宗旨

① 引领全球安全新兴技术发展，彰显中国网络强国地位。

② 专注对云计算和新兴技术安全最佳实践的独立研究。

③ 创立先进的云计算与新兴技术安全评估方法与解决方案。

④ 提供服务商和用户安全培训咨询，保障专业资质证书权威可信。

⑤ 拉通政产学研用金介，推动科技与经济发展。

（2）联盟理念

做中国与世界标准连接器，引领行业创新发展。

（3）主要业务范围

① 技术研究：组织安全业界专家成立相关工作组，就一些安全专题制定安全标准或策略。

② 安全培训：培训覆盖云计算、大数据、移动、物联网等新兴技术安全基础知识，安全管理，安全系统评估，以满足行业发展的需要，为信息安全行业培训安全专业人士。

③ 安全检测评估：建立规范化的云安全、大数据安全、移动安全等认证体系标准规范体系，开展相关检测评估服务。

④ 顾问咨询：为政府和企业提供政策、法规、战略性网络安全研究报告，行业趋势分析和成熟度对比，协助国际二轨对话。

⑤ 安全活动：不定期召开安全会议，组织厂商和用户研讨安全热点问题，分享行业最新资讯，探讨共同行动纲领，解决安全应用问题。

⑥ 金融投资：挖掘行业优质项目，对具有核心技术竞争力和市场前景良好的企业，为其做技术评估并对接资本，助力企业发展。

⑦ 创新创业：利用联盟平台优势，整合平台资源，为行业人才、企业提供创新创业的专家指导服务，结合政府与市场的情况，为人才创业引路，为企业解决技术创新困惑，对接创新资源等。

⑧ 国际合作：加强网络安全和云安全领域的国际交流与合作，开展学术会议、人员互访、信息交流、合作研究等活动，广泛建立与国际组织的合作关系，推进网络安全和云安全合作国际化进程。

5.1.4　云计算面临的安全挑战

云计算安全面临的挑战主要来源于技术、管理和法律风险三个方面。挑战包括：

① 数据集中，聚集的用户、应用和数据资源更方便黑客发动集中的攻击，事故一旦产生，影响范围广，后果严重。

② 传统基于物理安全边界的防护机制在云计算的环境难以得到有效的应用。

③ 基于云的业务模式，给数据安全的保护提出了更高的要求。

④ 云计算的系统非常大，发生故障的时候，如何快速的定位问题的所在，挑战也很大。

⑤ 云计算的开放性对接口安全提出新的要求。

⑥ 管理方面，挑战在于管理权方面，云计算数据的管理权和所有权是分离的，比如公有云服务方面，是否给供应商提供一些高权限的管理；企业和服务提供商之间需要在安全方面达成一致；协同和管理上的一些问题，如发生攻击时的联动，对运营管理的模式提出了一些要求；还有监管方面的挑战等。

⑦ 在法律风险方面主要是地域性的问题。云计算应用引发了地域性弱、信息流动性大的特点，在信息安全监管、隐私保护等方面可能存在法律风险。

5.2 云安全概述

下面主要阐述了云安全的内涵以及与传统安全的比较。

5.2.1 云安全内涵

云安全（Cloud Security）是继云计算、云存储之后出现的“云”技术的重要应用，是传统IT领域安全概念在云计算时代的延伸。云安全通常包括两个方面的内涵：一是云计算安全，即通过相关安全技术，形成安全解决方案，以保护云计算系统本身的安全；二是安全云，特指网络安全厂商构建的提供安全服务的云，让安全成为云计算的一种服务形式。

云安全概述

从云计算安全的内涵角度来说，“云安全”是网络时代信息安全的最新体现，云安全是指基于云计算商业模式应用，融合了并行处理、网格计算和未知病毒行为判断等新兴技术的安全软件、安全硬件和安全云平台等的总称。云安全主要体现为应用于云计算系统的各种安全技术和手段的融合。“云安全”是“云计算”技术的重要分支，并且已经在反病毒软件中取得了广泛的应用，发挥了良好的效果。

从安全云的内涵角度来说，“安全”也将逐步成为“云计算”的一种服式形式，主要体现为网络安全厂商基于云平台向用户提供各类安全服务。

2008年5月，趋势科技在美国正式推出了“云安全”技术，这是国内最早提出“云安全的概念。“云安全”的概念在早期曾经引起过不小争议，现在已经被普遍接受。

5.2.2 云安全与传统安全的比较

随着传统环境向云计算环境的大规模迁移，云计算环境下的安全问题变得越来越重要。相对于传统安全，云计算的资源虚拟化、动态分配以及多租户、特权用户、服务外包等特性造成信任关系的建立、管理和维护更加困难，服务授权和访问控制变得更加复杂，网络边界变得模糊等问题让“云”面临更大的挑战，云的安全成为最为关注的问题。云安全与传统安全到底有什么区别和联系呢？传统安全与云安全的对比如图 5-3 所示。

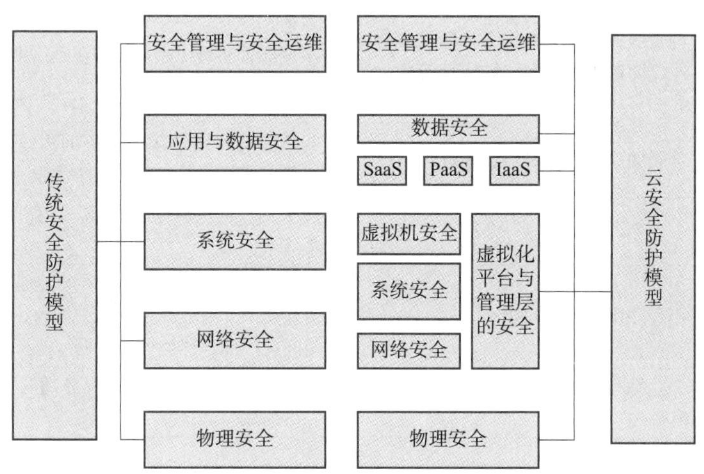

图 5-3　传统安全与云安全

云计算引入了虚拟化技术，改变了服务方式，但并没有颠覆传统的安全模式。从图 5-3 可以看出，传统安全和云安全的层次划分大体类似，在云计算环境下，由于虚拟化技术的引入，需要增加虚拟化安全的防护措施。而在基础层面上，仍然可依靠成熟的传统安全技术来提供安全防护。云计算安全和传统安全在安全目标、系统资源类型、基础安全技术方面是相同的，而云计算又有其特有的安全问题，主要包括虚拟化安全问题和与云计算服务模式相关的一些安全问题。大体上，我们可以把云安全看成传统安全的一个超集，或者换句话说，云计算是传统安全在云计算环境下的继承和发展。

传统安全和云安全有以下几个相同之处。

① 目标相同：都是为了保护信息、数据的安全和完整。

② 保护对象相同：保护的对象均为系统中的用户、计算、网络、存储资源等。

③ 技术类似：包括加解密技术、安全检测技术等。

5.3　云安全策略

云安全涉及的关键技术及风险应对策略包括基础设施安全、数据安全、应用安全和虚拟化安全四个方面。

5.3.1　基础设施安全

云计算模式的基础是云基础设施，承载服务的应用和平台等均建立在云基础设施上，确保云计算环境中用户数据和应用安全的基础是要保证服务的底层支撑体系（即云基础设施）的安全和可信。如表 5-1 所示，分别在传统环境下和云计算环境下对云基础设施安全性的相关服务特性进行了对比。

表 5-1 传统环境下和云计算环境下对云基础设施安全性的对比

分析角度	传统环境下的情况	云计算环境下的情况
网络开放程度	网页服务器、邮件服务器等接口暴露在外，设置访问控制、防火墙等防护措施维护安全	用户部署的系统完全暴露在网络中，任何节点都可能遭受攻击
平台管理模式	部署的系统通过内部管理员管理	利用多样化网络接入设备远程管理，涉及网络通信协议、网页浏览器、SSH登录等服务
资源共享方式	一台物理主机对应一个用户	多个用户同时共享IT资源，用户之间需要进行有效的隔离
服务迁移要求	不存在服务迁移问题	单个云提供商提供给用户的服务应当可灵活迁移，以达到负载均衡并有效利用资源，同时，用户希望在多个云提供商间灵活地迁移服务和数据
服务灵活程度	一旦拥有，便一直拥有，容易造成资源浪费	按需伸缩的服务，保证服务随时可用、可终止、可扩展、可缩减

对如何确保基础设施层的安全，可以从如下几个方面进行考虑。

1. 数据可控以及数据隔离

对于数据泄漏风险而言，解决此类风险主要通过数据隔离方法，可以通过三种途径来实现数据隔离。

其一，让客户控制他们需要使用的网络策略和安全。

其二，从存储方面来说，客户的数据应该存储在虚拟设备中，由于实际上虚拟存储器位于更大的存储阵列上，因而采取虚拟存储，可以在底层进行数据隔离，保证每个客户只能看到自己对应的数据。

其三，在虚拟化技术实现中，可以考虑大规模地部署虚拟机以实现更好的隔离，以及使用虚拟的存储文件系统，如Vmware的VMFS文件系统。

2. 综合考虑数据中心的软硬件部署

在软硬件选用中，考虑品牌厂商。硬件的选择要综合考虑质量、品牌、易用性、价格、可维护性等一系列因素，并选择性价比高的厂商产品。

3. 建立安全的远程管理机制

根据定义，IaaS资源在远端，因此用户需要远程管理机制。最常用的远程管理机制如下：

VPN：提供一个IaaS资源的安全连接。

远程桌面、远程Shell：最常见的解决方案是SSH。

Web控制台UI：提供一个自定义远程管理界面，通常它是由云服务提供商开发的自定义界面。

对应安全策略如下：

① 缓解认证威胁的最佳办法是使用双因子认证，或使用动态共享密钥，或者缩短共享密钥的共享期。

② 不要依赖于可重复使用的用户名和密码。

③ 确保及时安装安全补丁。

④ 对于自身无法保护传输数据安全的程序，应该使用VPN[①]或安全隧道（SSL/TLS或SSH[②]），推荐首先使用IPSEC，然后是SSLv3或TLSv1。

4. 选择安全的虚拟化厂商以及成熟的技术

选择能持续地支持以及对安全长期关注的厂商。定期更新虚拟化安全补丁，并关注虚拟化安全。成熟的虚拟化技术不但能够预防风险，在很大程度上还能增强系统安全性，例如，Vmware对有问题虚拟机的隔离、DRS系统动态调度等。

5. 建立健全IT行业法规

在云计算环境下，用户不知道自己的数据放在哪儿，因而会有一定的焦虑，如位置、安全性等疑问。

在IaaS环境下，由于虚拟机具有漂移特性，用户很大程度上不知道数据到底存放在哪个服务器存储。另外由于数据的独有特点，一旦为别人所知，价值便会急剧降低。这需要从法律、技术两个角度来规范。

① 建立健全法律，对数据泄漏、IT从业人员的不道德行为进行严格约束，从人为角度防止出现数据泄露等不安全现象。

② 开发虚拟机漂移追踪技术、IaaS下数据独特加密技术，让用户可以追踪自己的数据，感知到数据存储的安全。

6. 针对突然的服务中断等不可抗拒新因素，采取异地容灾策略

服务中断等风险存在于任何IT环境中，在部署云计算数据中心时，最好采取基于异地容灾的策略进行数据与环境的备份。在该环境下，一旦生产中心发生毁坏，可以启用异地灾备中心对外服务，由于数据需要恢复，用户感觉到服务中断，但短时间内会恢复，不会造成严重事故。

5.3.2 数据安全

企业数据安全和隐私保护是云用户最关心的安全服务目标。无论是云用户还是云服务提供商，都应避免数据丢失和被窃，不管使用哪种云计算的服务模式（SaaS/PaaS/IaaS），数据安全都变得越来越重要。从数据安全生命周期和云应用数据流程综合考虑，针对数据传输安全、数据存储安全和数据残留安全等云数据安全敏感阶段进行关键技术的分析。

1. 数据传输安全

云用户或企业把数据通过网络传到公共云时，数据可能会被黑客窃取和篡改，数据的保密

---

① 虚拟专用网络（Virtual Private Network，VPN），在VPN客户机与VPN网关之间创建一个加密的、虚拟的点对点连接，保障数据在经过互联网时的安全。

② SSL是一种安全协议，它为网络（如因特网）的通信提供私密性。SSL使应用程序在通信时不被窃听和篡改。SSL实际上是共同工作的两个协议：SSL记录协议（SSL Record Protocol）和SSL握手协议（SSL Handshake Protocol）。SSL记录协议是两个协议中较低级别的协议，它为较高级别的协议，如SSL握手协议对数据的变长的记录进行加密和解密。SSL握手协议处理应用程序凭证的交换和验证。

SSH的英文全称是Secure Shell。通过使用SSH，可以把所有传输的数据进行加密，这样“中间人”这种攻击方式就不可能实现了，而且也能够防止DNS和IP欺骗。传输的数据是经过压缩的，所以可以加快传输速率。SSH有很多功能，它既可以代替telnet，又可以为ftp、pop、甚至ppp提供一个安全的通道。

性、完整性、可用性、真实性受到严重威胁，给云用户带来不可估量的商业损失。数据安全传输防护策略，首先是对传输的数据进行加密，其次是使用安全传输协议SSL和VPN进行数据传输。

2. 数据存储安全

云用户在云服务提供商存储数据时，存在数据滥用、存储位置隔离、灾难恢复、数据审计等安全风险。

① 对IaaS应用可以采用静止数据加密的方式防止被云服务提供商、恶意邻居租户及某些应用滥用，但对于PaaS或者SaaS应用，数据是不能被加密的，密文数据会妨碍应用索引和搜索，如图5-4所示的是同态加密安全的方案之一，但目前为止还没有可商用的算法实现数据同态加密。

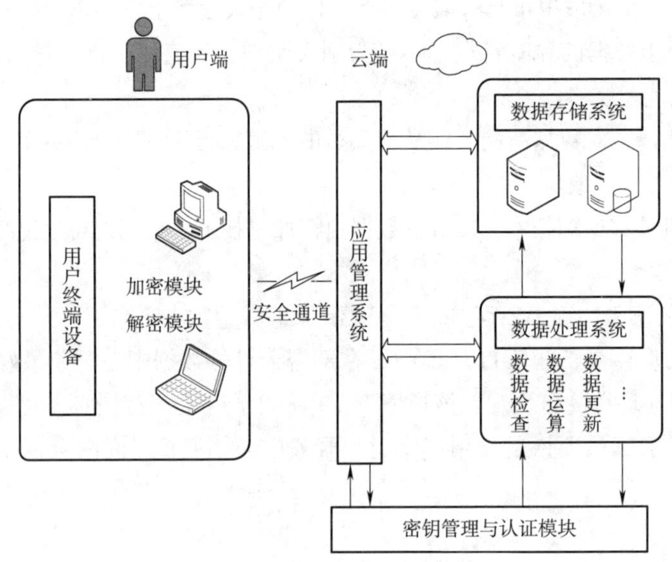

图5-4　同态加密安全方案之一

② 对于数据存储位置，云用户要坚持能够掌握数据具体位置的基本原则。确保有能力知道存储的地理位置，并在服务水平协议SLA和合同中约定。在地理位置定义和强制执行方面，需要有适当的控制来保证。

③ 采用“数据标记”、单租户专用数据平台实现数据隔离，防止数据被非法访问。但PaaS和SaaS应用为了实现可扩展、可用性、管理以及运行效率等方面的“经济性”，云服务提供商基本都采用多租户模式，无法实现单租户专用数据平台，唯一可行的办法是建立私有云，不要把任何重要的或者敏感的数据放到公共云中。

④ 采用数据多备份方式来实现灾难恢复，通过外部审计和安全认证来实现数据完整性和可用性。

3. 数据残留安全

数据残留是数据在被以某种形式擦除后所残留的物理表现，存储介质被擦除后可能留有一些物理特性使数据能够被重建。在云计算环境中，数据残留更有可能会无意地泄露敏感信息。

因此云服务提供商应通过销毁加密数据相关介质、存储介质销毁、磁盘擦拭、内容发现等技术和方法来保证数据的完整清除。

5.3.3　应用安全

由于云环境的灵活性、开放性以及公众可用性等特性给应用安全带来了很多挑战。因此云提供商在云主机上部署的Web应用程序应当充分考虑来自互联网的威胁。

1. 终端客户安全

为了保证云应用安全，云客户端应该保证自己的计算机安全，防护措施如下。

① 在云客户端上部署反恶意软件、防病毒、个人防火墙以及IPS类型安全软件，并开启各项防御功能。

② 云用户应该采取必要措施保护浏览器免受攻击，在云环境中实现端到端的安全。云用户应使用自动更新功能，定期完成浏览器打补丁和更新工作。

③ 对于企业客户，应该从制度上规定连接云计算应用的PC禁止安装虚拟机，并且对PC进行定期检查。

2. SaaS应用安全

SaaS应用提供给用户的能力是使用服务商运行在云基础设施之上的应用，用户使用各种客户端设备通过浏览器来访问应用。用户并不管理或控制底层的云基础设施，如网络、服务器、操作系统、存储甚至其中单个的应用。

SaaS服务模式下，提供商应最大限度地确保提供给客户的应用程序和组件的安全，客户端只负责用户与访问管理安全，所以选择SaaS提供商前要从如下几个方面对其进行安全评估。

① 根据保密协议，要求SaaS提供商提供包括设计、架构、开发、黑盒与白盒应用程序安全测试和发布管理有关的安全实践的信息。甚至有必要请第三方安全厂商进行渗透测试（黑盒安全测试），以获得更为祥实的安全信息。

② 特别注意SaaS提供商提供的身份验证和访问控制功能，它是客户管理信息风险唯一的安全控制措施。用户应该尽量了解云特定访问控制机制，并采取必要措施，保护在云中的数据；应实施最小化特权访问管理，以消除威胁云应用安全的内部因素。同时要求云服务提供商应能够提供高强度密码；定期修改密码，时间长度必须基于数据的敏感程度；不能使用旧密码等可选功能。

③ 用户应详细理解SaaS提供商使用的虚拟数据存储架构和预防机制，以保证多租户在一个虚拟环境所需要的隔离。SaaS提供商应在整个软件生命开发周期过程中加强在软件安全性上的措施。

3. Paas应用安全

PaaS云提供商提供给用户的能力是在云基础设施之上部署用户创建或采购的应用，这些应用使用服务商支持的编程语言或工具开发，用户并不管理或控制底层的云基础设施，包括网络、服务器、操作系统或存储等，但是可以控制部署的应用以及应用主机的某个环境配置。PaaS应用安全包含两个层次：PaaS平台自身的安全和客户部署在PaaS平台上应用的安全。

① PaaS应提供并负责包括运行引擎在内的平台软件及其底层的安全，客户只负责部署在

PaaS平台上应用的安全。PaaS提供商采取可能的办法来缓解SSL攻击，避免应用被暴露在默认攻击之下，客户必须有一个变更管理项目，在应用提供商指导下进行正确应用配置或打补丁，及时确保SSL补丁和变更程序是最新的。

② 如果PaaS应用使用了第三方应用、组件或Web服务，那么第三方应用提供商则需要负责这些服务的安全。用户需要了解自己的应用到底依赖于哪个服务，在采用第三方应用、组件或Web服务时，用户应对第三方应用提供商做风险评估，应尽可能地要求云服务提供商增加信息透明度以利于风险评估和安全管理。

③ 在多租户PaaS的服务模式中，云用户应确保自己的数据只能由自己的企业用户和应用程序访问，要求PaaS服务商提供多租户应用隔离，负责维护PaaS平台运行引擎的安全，在多租户模式下提供“沙盒”架构，集中维护客户部署在PaaS平台上应用的保密性和完整性；负责监控新的程序缺陷和漏洞，避免这些缺陷和漏洞被用来攻击PaaS平台和打破“沙盒”架构。

④ 云用户部署的应用安全需要PaaS应用开发商配合，开发人员需要熟悉平台的APL、部署和管理执行的安全控制软件模块；必须熟悉平台被封装成安全对象和Web服务的安全特性，调用这些安全对象和Web服务实现在应用内配置认证和授权管理；必须应用的安全配置流程。

5.3.4　虚拟化安全

虚拟化对于云计算是至关重要的。而基于虚拟化技术的云计算主要存在两个方面的安全风险：一个是虚拟化软件的安全；另一个是使用虚拟化技术的虚拟服务器的安全。

1. 虚拟化软件安全

该软件层直接部署于裸机之上，提供能够创建、运行和销毁虚拟服务器的能力。虚拟化层的完整性和可用性对于保证基于虚拟化技术构建的公有云的完整性和可用性是最重要也是最关键的。

① 选择无漏洞的虚拟机软件。一个有漏洞的虚拟化软件会暴露所有的业务域给恶意的入侵者。

② 必须严格限制任何未经授权的用户访问虚拟化软件层。云服务提供商应建立必要的安全控制措施，限制对于管理程序和其他形式的虚拟化层次的物理和逻辑访问。

2. 虚拟服务器安全

虚拟服务器位于虚拟化软件之上，物理服务器的安全原理与实践也可以被运用到虚拟服务器上，当然也需要兼顾虚拟服务器的特点。以下将从物理机选择、虚拟服务器安全进行阐述。

① 选择具有TPM安全模块的物理服务器，TPM安全模块可以在虚拟服务器启动时检测用户密码，如果发现密码及用户名的Hash序列不对，不允许启动此虚拟服务器；选用多核并支持虚拟技术的处理器，保证CPU之间的物理隔离，这样会减少许多安全问题。

② 构建服务器时，应为每台虚拟服务器分配一个独立的硬盘分区，以便将各个虚拟服务器之间从逻辑上隔离开来。虚拟服务器系统还应安装基于主机的防火墙、杀毒软件、IPS

（IDS）以及日志记录和恢复软件，以便将它们相互隔离，并与其他安全防范措施一起构成多层防护体系。

③ 虚拟服务器之间及其物理主机之间通过 VLAN 和 IP 进行网络逻辑隔离，服务器之间通过 VPN 进行网络连接。

④ 对虚拟服务器的运行状态进行严密的监控，实时监控各虚拟机当中的系统日志和防火墙日志，以此来发现存在的安全隐患。对不需要运行的虚拟机应当立即关闭。

5.4　云安全解决方案

下面结合实例，介绍云安全在企业中的应用。

5.4.1　长城网际云安全解决方案

1. 中电长城网际公司简介

中电长城网际系统应用有限公司成立于 2012 年 7 月，是中国电子信息产业集团有限公司（CEC）控股的高科技国有企业，以服务国家基础信息网络和重要信息系统安全为使命，以面向国家重要信息系统的高端咨询和安全服务业务为主线，为用户提供信息安全的全方位的解决方案和相关服务。

2. 长城网际云安全套件

长城网际云安全套件是依据信息系统等级化保护等国家标准，针对资源虚拟化、动态分配、多租户、特权用户、服务外包等云计算新的特性引起的安全新问题而设计开发的安全产品。

长城网际云安全套件遵照 GB/T 25070—2019《信息安全技术 信息系统等级保护安全设计技术要求》中提出的“一个管理中心支撑下的三重防御”设计思路，通过计算节点的服务器深度防护和终端安全防护，同时将运维服务融入到云平台的安全管理、安全监控和合规审计之中，形成云安全防护体系，着重解决了因云计算而衍生的新的安全问题。如图 5-5 所示，为长城网际云安全套件整体架构。

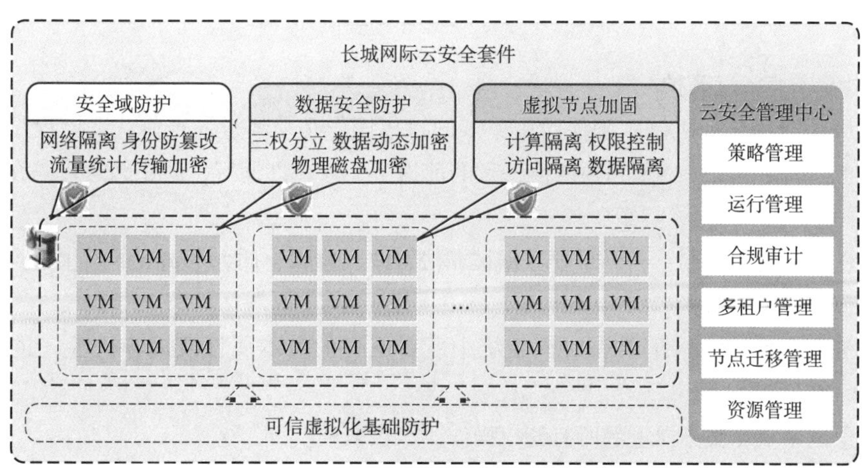

图 5-5　长城网际云安全套件整体架构

“网际云安全套件”以安全策略管理为核心，以密码技术为基础，以可信机制为保障，能够实现云计算环境下的计算节点深度防护、终端安全接入、业务应用安全隔离、资源授权共享和计算环境的可信度量，从而提升云计算数据中心的安全保障，使之达到GB/T 22239—2019《信息安全技术 信息系统等级保护安全基本要求》三级或三级以上要求。

长城网际云安全套件以产品形式集成到云平台中，同时以持续的安全服务方式提供给用户，保障用户业务系统安全，广泛适用于电子政务云和电子商务云平台。

（1）功能说明

网际云安全套件从计算节点防护、虚拟化安全保护、业务与应用隔离等六个方面对云中心提供安全保护。从网络边界到虚拟节点逐层安全保护，按照一个中心、三重防护设计思路，对整个云中心及其各个模块实行安全防护。长城网际云安全套件功能如图5-6所示。

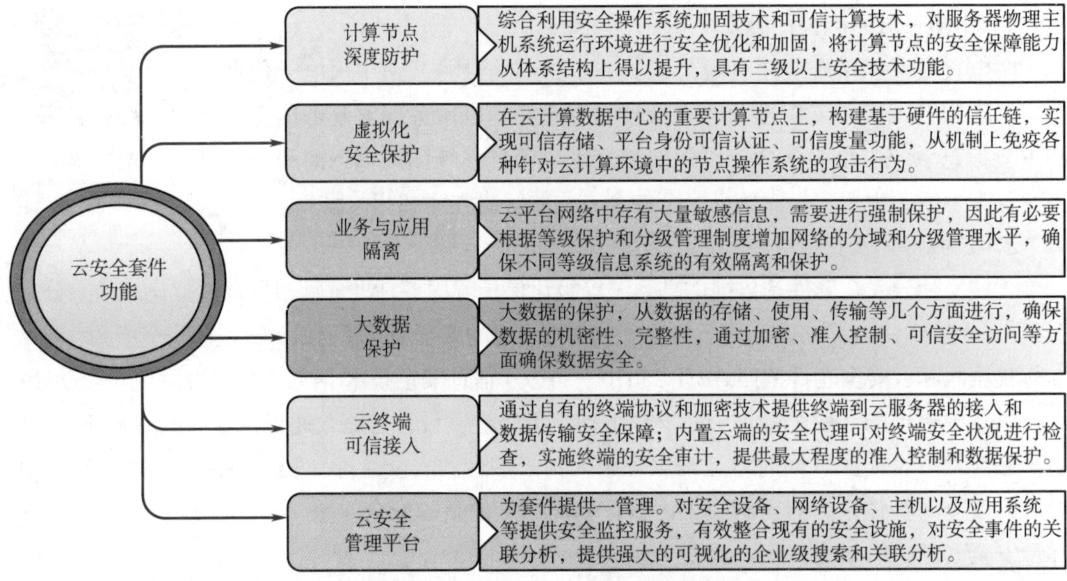

图5-6　长城网际云安全套件功能

（2）计算节点深度防护

① 双因子身份认证机制：确保对服务器的特权操作必须经过强身份认证；程序白名单控制，所有进程只有在度量结果和预期值一致的前提下，才允许运行，防止恶意代码在被保护的节点环境中运行。

② 文件强制访问控制：杜绝重要数据被非法篡改、删除、插入等情况的发生，全方位确保重要数据完整性不被破坏。

③ 服务完整性检测：记录和对比系统中所有服务的基本属性及内容校验，进行完整性检测。

④ 全息记录重要服务器上的所有特权操作，以供取证。

（3）虚拟化安全保护

网际云安全套件虚拟化如图5-7所示，下面就其作用进行介绍。

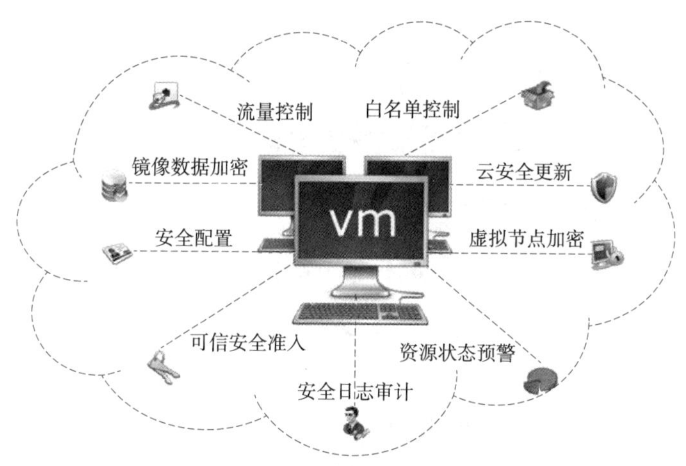

图5-7 网际云安全套件虚拟化

① 虚拟机边界防护，对KVM、VMware等虚拟机实施安全增强。

② 信任链传递，对服务器节点实现基于物理可信根的可信认证、可信存储、可信度量功能。

③ 对虚拟设备CPU使用、内存占用、I/O通信提供安全控制。

④ 虚拟机镜像动态加密，确保镜像文件任何情况下全程加密保护。

⑤ 虚拟机迁移保护，保障虚拟机动态迁移时数据机密性、完整性、可用性及安全规则同步迁移。

⑥ 虚拟机数据销毁，虚拟机删除时可有效同步销毁其所承载的数据。

（4）业务与应用隔离

① 依据安全等级、业务身份等不同划分不同的“可信安全域”进行管理。

② 不同安全域之间设立防护边界，实施计算节点、网络、存储等多维度安全隔离。

③ 设立数据交换中心，提供不同业务系统安全、可控的数据交换平台。

④ 将管理网络与数据网络进行隔离，提供高可靠性管理平台。

⑤ 应用运行状态监测响应，确保单个应用出错不会扩散到其他应用。

（5）云安全管理平台

云安全管理平台示意图如图5-8所示。下面就其作用进行介绍。

① 统一策略管理系统：对整个云平台的安全策略进行统一管理，完成安全策略的统一制定、下发、更新等操作。

② 运行监控管理系统：融合了网络监测、系统监测、应用性能监测、安全事件与日志监测、虚拟化监测及集中事件处理等管理功能。

③ 多租户管理系统：统一访问控制，统一认证授权。

④ 合规审计管理系统：对客户网络设备、安全设备、主机和应用系统的各类日志进行集中采集、存储、审计处理。

⑤ 虚拟节点迁移管理系统：配置、管理虚拟节点动态迁移，实现虚拟节点安全规则的同步迁移。

图5-8　云安全管理平台

（6）大数据保护

① 数据存储加密，使用透明加解密技术，在保障数据安全的同时不影响用户使用。

② 数据防泄漏，综合利用数据库及文件行为监测、强制访问控制、数据加密等多种技术，有效防止敏感数据泄漏。

③ 数据传输保护，建立安全传输通道，保障数据传输过程中的机密性、完整性、可用性，对数字内容进行加密和附加使用规则，对数字版权进行保护。

（7）云终端可信接入

图5-9所示为云终端可信接入模式，下面对其结构进行介绍。

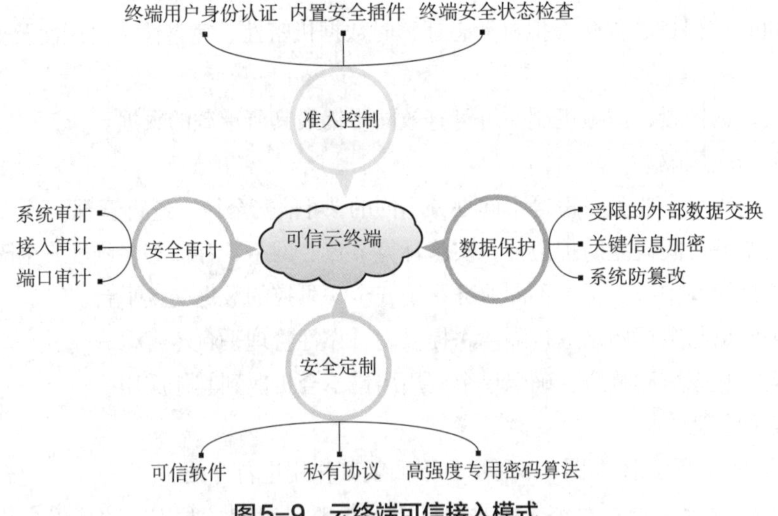

图5-9　云终端可信接入模式

① 使用终端内置安全插件对终端安全状况进行检查及可信接入控制，实施终端的安全审计。

② 通过私有协议和加密技术提供终端到云服务器的数据传输安全保障。

③ 通过硬件令牌对终端用户进行身份认证和数据访问控制，实现强准入控制和数据保护。

（8）产品三大优势

① 安全可信。国内首个符合GB/T 25070-2019《信息安全技术 信息系统等级保护安全设计技术要求》标准的安全产品。

② 自主可控。以我国自主密码技术为基础，利用可信计算机制，实现完整性检查，平台身

份认证，构建完整的安全保障技术体系。

- 面向运维。以运维服务为中心，安全态势可视化管理，提供丰富且无须代理的多厂商IT设备探测和监控，实时事件分析和长期事件管理的通用解决方案。

（9）产品部署示意图

如图5-10为云安全产品部署示意图，云安全套件包含了云安全管理平台、合规审计系统和多个安全组件，其中云安全管理平台和合规审计系统为软硬件一体化产品，部署于网络中路由可达位置，安全组件以软件形式部署于云中一台虚拟设备中，使用集中式管理，能够将服务、用户、网络、安全、服务器、中间件等进行监控、管理，大幅度提升工作效率，同时关联分析网络中各系统的日志，提供全维度、跨设备、细粒度的合规分析报表。

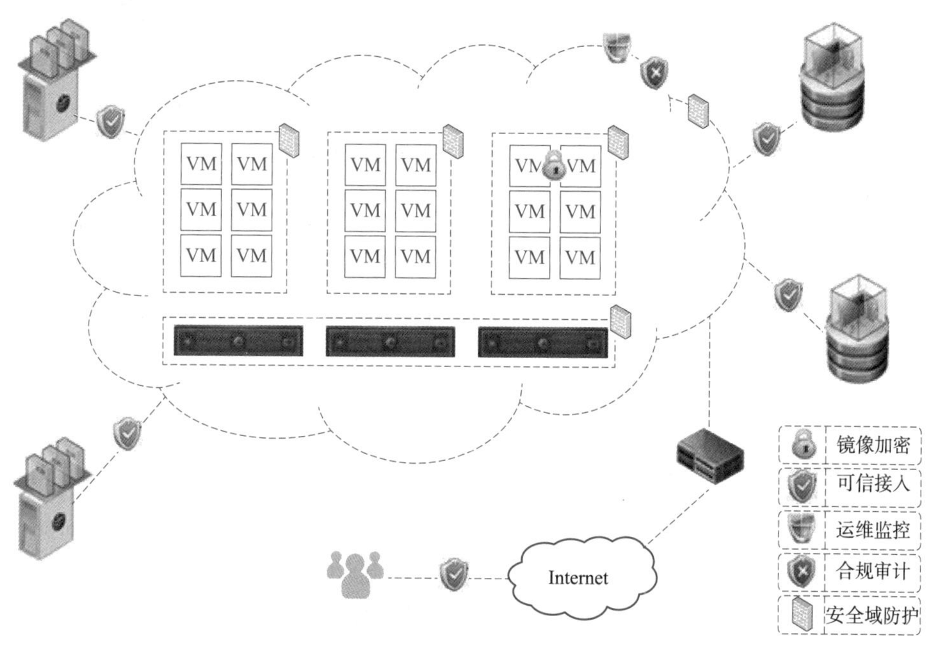

图5-10　云安全产品部署示意图

5.4.2　蓝盾云安全解决方案

蓝盾股份是中国信息安全行业的领军企业，公司成立于1999年，公司构建了以安全产品为基础，覆盖安全方案、安全服务、安全运营的完整业务生态，为各大行业客户提供一站式的信息安全整体解决方案。同时，公司也瞄准了信息安全外延不断扩大的趋势，通过“自主研发+投资并购”双轮驱动的方式，持续推进“大安全”产业发展战略，并以“技术升级”“空间拓展”“IT层级突破”三个维度为主线进行布局，构建了完整的“大安全”产业生态版图。下面介绍云安全特点。

1．传统安全与云安全防护区别

如图5-11所示，传统安全防护方案是用户自行购买并部署反病毒软件、防火墙、入侵检测等一系列安全设备。这种方案不仅耗时、成本高、后期运维投入大，而且存在被绕过防护体系直接攻击服务器的风险。

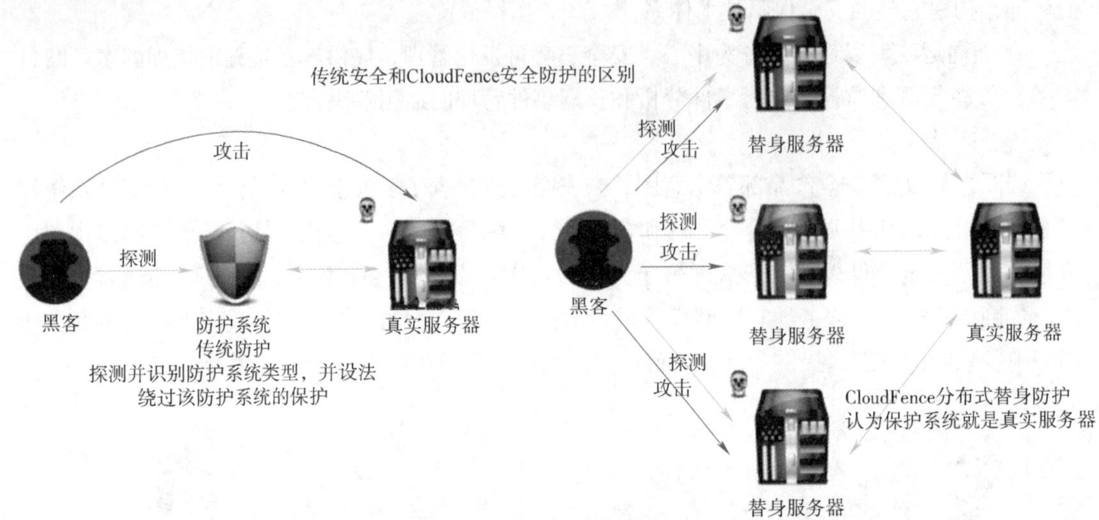

图5-11 传统安全与云安全防护区别

蓝盾的网站安全云平台通过全国14个节点建立可承载1.4 G带宽的防护边界，节点采用替身方式，将所有的外部流量先引入到防护节点上来，再由防护节点中转用户流量，外部攻击者只能对节点进行操作，几乎无法发现内部的Web结构，从根本上保护了网站的安全，极大地提高网站的安全性，同时，网站安全云平台本身就是一个功能强大的网站防火墙WAF系统，可以有效地应对常见的SQL注入、跨站攻击、网页篡改等网站攻击方式。

2. 云安全防护平台特点

替身安全模式：网站安全云平台采用公有云服务模式，在全国范围内部署了14个服务节点。

无须部署，零维护：只需修改网站DNS指向，一键防护，平台配备专家团队负责安全运维。网站安全一站式防护：提供定制化、无延迟的安全防护，包括Web应用防火墙，防DDOS攻击①，防SQL注入②，盗链③保护，敏感信息监测，分布式、CDN加速等网站安全防护体系。

全面网站监测和统计分析：包括网站漏洞扫描、网站访问数据统计与分析等。

提升网站访问速度，具有网站加速功能：包括寻找最近服务器、内容压缩传输、静态页面缓存、搜索引擎优化等，保障永远在线。

3. 部署说明

如图5-12所示，云安全防护在全国范围内，目前部署了14个节点，集三大运营商。

它的特点为：一键部署，成本低；防御周到保周全；全面网站风险监测；提升网站访问速度；专业网站安全防护云平台；专业云防线运维团队。

① DDOS（Distributed Denial of Service Attack）攻击：全称是分布式拒绝服务攻击，是指处于不同位置的多个攻击者同时向一个或数个目标发动攻击，或者一个攻击者控制了位于不同位置的多台机器并利用这些机器对受害者同时实施攻击，最终导致服务器都出现了无法进行操作的情况。

② SQL注入：是指攻击者可以在Web应用程序中事先定义好的查询语句的结尾添加额外的SQL语句，在管理员不知情的情况下实现非法操作，以此来实现欺骗数据库服务器执行非授权的任意查询，从而进一步得到相应的数据信息。

③ 盗链：是指服务提供商自己不提供服务内容，而是通过技术手段绕过其他有利益的最终用户界面，直接在自己的网站上向最终用户提供其他服务提供商的服务内容，骗取最终用户的浏览和点击率，从中获利。

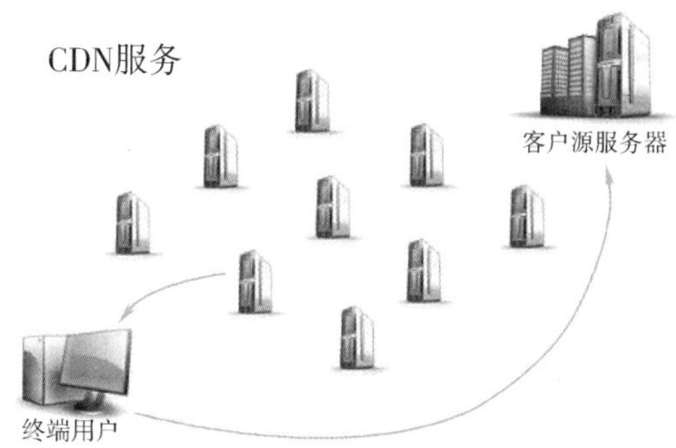

图5-12　14个安全防护节点分布全国各地

4. 方案价值

统一化安全管理：对于大型集团企业、多级政府单位，申请公有云服务，节省安全建设成本。

全方位安全防护：防止各种网络攻击，确保网站安全。

多线路智能解析：依靠蓝盾的多地安全节点部署，实现负载均衡，提升网站访问速度。

智能分析、帮助运营：为用户提供智能的网站数据分析，帮助用户优化运营计划，提高网站的转化率。

5.4.3　绿盟科技云安全解决方案

1. 绿盟科技公司简介

北京神州绿盟信息安全科技股份有限公司（以下简称绿盟科技）成立于2000年4月，总部位于北京。在国内外设有30多个分支机构，为政府、运营商、金融、能源、互联网以及教育、医疗等行业用户，提供安全产品及解决方案。

2. 绿盟云安全解决方案

绿盟云平台如图5-13所示。用户可以选择在绿盟云安全集中管理系统内运行各类虚拟化安全设备，实现对云租户的个性化防护需求。系统安全资源池中各类安全产品可提供相应的安全能力。系统可提供安全产品开通、调度、服务编排，以及安全运维功能；提供安全策略管理、配置管理、安全能力管理、安全日志管理等与特定安全应用密切相关的功能。在全方位保障云环境安全的基础上，使安全管理可视化、有效化。

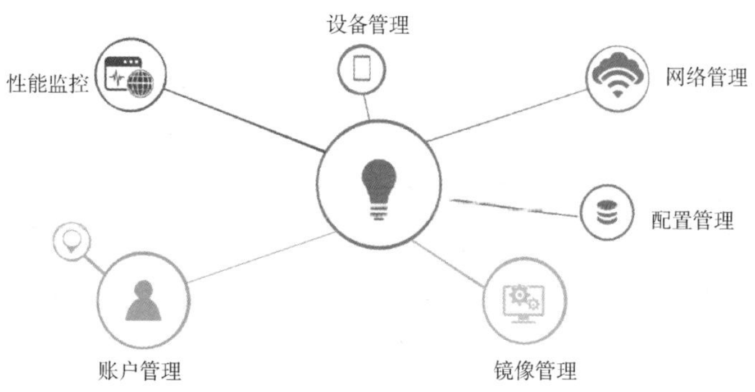

图5-13　绿盟云平台

（1）方案优势

① 适应性广，安全功能多。支持VMWare、OpenStack云平台，以及基于KVM、Xen的各种定制化云平台。同时，可以支持物理的、虚拟化、SaaS化的安全资源类型，提供多种安全能力。

② 模块化架构，可灵活扩展。系统采用模块化架构，根据应用场景和需求的不同，可以选择和部署相应的安全资源、安全应用，满足经济性、合规性要求。

③ 弹性资源，收放自如。通过资源池化技术、负载均衡技术、热迁移技术的能力，可以对外提供安全、弹性的安全功能，自如地进行扩容、缩容。

④ 全程自动化，可快速部署。运用SDN、NFV技术，用户通过系统可以按需、自助地进行安全能力的开通。同时，可以根据业务需要，实现多种安全设备的协同防护，抵御各类安全攻击事件。

⑤ 基于安全域的纵深防护体系。对于云计算系统安全域边界的动态变化，通过相应的技术手段，可以做到动态边界的安全策略跟随。基于安全域设计相应的边界防护策略、内部防护策略，部署相应的防护措施，从而实现多层、纵深防御，才能有效地保证云平台资源及服务的安全，从而构造纵深防护体系。

（2）客户价值

① 为云环境构建全方位的防护体系。对客户云平台做深入分析，根据其资源和安全需求，从物理基础设施、虚拟化、网络、系统、应用、数据等层面设计、建设和运维一套从点到面的全方位防护体系，为客户的云环境提供持续全面的安全保障。

② 提供可控灵活的安全防护能力。通过安全能力抽象和资源池化，系统可将安全设备抽象为具有不同能力的安全资源池，并根据具体业务规模横向扩展该资源池规模，满足客户安全性能要求。后期还可以随着客户云环境的扩容进行安全资源池的灵活扩展，满足客户对安全服务能力的需求。

③ 内部人员可集中运维。简单、易用的运维平台可对云内虚拟化安全设备进行统一运维管理，可大幅度降低客户运维成本的投入，提高运维管理效率。

④ 向云迁移满足等保合规要求。通过构建安全监测、识别、防护、审计和响应的综合能力，有效抵御相关威胁，保障云计算资源和服务的安全，使客户在向云迁移的过程中满足监管与合规性要求。

（3）应用场景

方案适用于私有云、混合云、专有云、行业云等各类云平台的安全防护，既适用于原生服务器虚拟化、云平台的场景，也可以使用在SDN和NFV的场景中。这里重点了解一下基于SDN的安全方案，也就是软件定义安全的应用场景。SDN技术的出现，特别是与网络虚拟化结合，给安全设备的部署模式提供了一种新的思路。软件定义的理念正在改变IT基础设施的方方面面，如计算、存储和网络，最终成为软件定义一切（Software Defined Everything）。这“一切”必然包括安全，软件定义的安全体系将是今后安全防护的一个重要前进方向。

5.5 实践任务

通过互联网进一步了解CSA提出的云安全模型，并选择一家厂商的云安全架构与传统安全架构进行对比分析。也可以选择几家知名安全厂商的云安全解决方案，比较其异同。

小 结

本章对云安全进行了详细的介绍，包括威胁、防护以及典型的安全应用，通过对本章的学习，读者在使用云计算服务的同时要密切关注并避免可能出现的安全问题。

习 题

一、选择题

1．云安全涉及的关键技术及风险应对策略包括（　　）。（多选）

A．基础设施安全　　B．数据安全

C．应用安全　　D．虚拟化安全

2.云安全联盟是在(　　)年成立的。

A．2010　　B．2009

C．2011　　D．2012

3．国内第一家加入CSA的公司是（　　）。

A．金山　　B．绿盟

C．蓝盾　　D．长城网际

二、填空题

1．云计算安全面临的安全威胁主要来源于________、_______和_______三个方面。

2.2008年5月，_______正式推出了“云安全”技术，这是国内最早提出“云安全”的概念。

3．传统安全和云安全相同之处有：________________、________________、______________。

4．远程桌面、远程 Shell，最常见的解决方案是________________________________。

三、简答题

1．简述云计算安全内涵。

2．比较云安全与传统安全。

3．简述云安全策略包括哪几个方面的内容。

4．简述云计算面临的安全挑战。

5．简述长城网际云安全解决方案。

6．简述绿盟科技云安全解决方案。

7．简述蓝盾云安全解决方案。

8．谈谈当下频发的云安全事件对你的启示。

第6章 云计算与大数据

某比萨店的电话铃响了，客服人员拿起电话。

客服：您好。请问有什么需要我为您服务的吗？

顾客：你好，我想要一份……

客服：先生，烦请先把您的会员卡号告诉我。

顾客：16846146***

客服：陈先生，您好！您是住在泉州路1号12楼1205室，您家电话是2624***，您公司的电话是4666***，您的手机号是1391234****。请问，您想用哪一个电话付费？

顾客：你为什么知道我所有的电话号码？

客服：陈先生，因为我们联机到CRM系统了。

顾客：我想要一个海鲜比萨……

客服：陈先生，海鲜比萨不适合您。

顾客：为什么？

客服：根据您的医疗记录，您的血压和胆固醇都偏高。

客服：您可以试试我们的低脂健康比萨。

顾客：你怎么知道我会喜欢吃这种比萨？

客服：您上星期一在国家图书馆借了一本《低脂健康食谱》。

顾客：好。那我要一个家庭特大号比萨，要付多少钱？

客服：99元，这个足够您一家六口吃了。但您母亲应该少吃，她上个月刚做了心脏手术，还处在恢复期。

顾客：我可以刷卡付费吗？

客服：陈先生，对不起。请您付现款，因为您的信用卡已经刷爆了，您现在还欠银行4 807元，而且还不包括房贷利息。

顾客：那我先去附近的提款机提款吧。

客服：陈先生，根据您的记录，您已经超过今日提款限额。

顾客：算了，你们直接把比萨送到我家吧，家里有现金，你们多久能送到？

客服：大约30分钟。如果您不想等，可以自己骑车来。

顾客：为什么？

客服：根据我们的 CRM 全球定位系统的车辆行驶自动跟踪系统记录，您登记有一辆车号为 SB-748 的摩托车，而且目前您正在解放路东段华联商场右侧骑着这辆摩托车，距离我店只有 5 分钟的车程。

顾客无语。

大数据给我们的生活带来了很多便利，从客服人员的服务里我们也感受到了企业服务的“无微不至”。其实，从这个层面上讲，大数据为提高服务行业的服务水平、服务效率做出了贡献；从更高层面去理解，大数据实现了传统服务业的升级。而事实上，大数据的魅力不仅仅是服务行业。未来几年甚至当下，大数据已经不断植入各行各业，让更多的传统产业具备了转型升级的可能。这些数据信息仅仅是大数据的冰山一角。

6.1　大数据的概念与特点

最早提出“大数据”时代到来的是全球知名咨询公司麦肯锡，该公司在《大数据：创新、竞争和生产力的下一个前沿领域》报告中称：“数据，已经渗透到当今每一个行业和业务职能领域，成为重要的生产因素。人们对于海量数据的挖掘和运用，预示着新一波生产率增长和消费者盈余浪潮的到来。”大数据指的是大小超出常规的数据库工具获取、存储、管理和分析能力的数据集。同时强调，并不是说一定要超过特定TB级的数据集才能算是大数据，它是云计算、物联网之后IT行业又一大颠覆性的技术革命。

大数据的
概念与特点

大数据是一种大规模数据的管理和利用商业模式、技术平台的泛指，它与传统的海量数据不同的是，它除了数据规模呈现几何级数增长的特征之外，还包括所有数据类型的采集、分类、处理、分析和展现等多个方面，从而最终实现从大数据挖掘潜在巨大价值的目的。到目前为止还没有统一的定义。

IDC对“大数据”的定义：为了更经济地从高频率获取的、大容量的、不同结构和类型的数据中获取价值，而设计的新一代架构和技术。此定义也可以概括为大数据的五大特征，分别是，数据的体量巨大（Volume）、处理速度快（Velocity）、数据类别大（Variety）、数据的真实性(Veracity)和巨大的数据价值（Value）。

1. 海量的数据

普遍认为PB级的数据为大数据的起点。从海量的数据规模来看，根据报道，全球IP流量达到1EB所需的时间，在2001年是1年，在2013年仅为1天，到2016年则仅为半天。全球新产生的数据年增40%，全球信息总量每两年就可翻番。而根据2012年互联网络数据中心发布的《数字宇宙2020》报告，2011年全球数据总量已达到1.87 ZB（1 ZB＝10万亿亿字节），如果把这些数据刻成DVD盘，将这些盘一张接一张排起来的长度相当于从地球到月亮之间一个来回的距离，并且数据以每两年翻一番的速度飞快增长。由此看来，数据真够“大”的。

2. 处理速度快

需要对数据进行近实时分析，以视频为例，连续不间断监控过程中，可能有用的数据仅仅有一两秒。这一点和传统的数据挖掘技术有着本质的不同。

3. 数据类别多

数据来自多种数据源，数据种类和格式日渐丰富，包含结构化、半结构化和非结构化等多种数据形式，如网络日志、视频、图片、地理位置信息等。

4. 数据真实性

大数据中的内容是与真实世界息息相关的，研究大数据就是从庞大的网络数据中提取出能够解释和预测现实事件的过程。

5. 巨大的数据价值

大数据蕴藏的价值虽然巨大，价值密度却很低，往往需要对海量的数据进行挖掘分析才能得到真正有用的信息，从而产生价值。

大数据集有各种各样的来源：公开的信息、气候信息、传感器，还包括有购买交易记录、网络日志、病历、视频、图像档案以及大型电子商务等。大数据的来源主要分为以下几种类型：

① 来自人类活动。人们通过社会网络、互联网、健康、金融、经济、交通等活动过程所产生的各类数据，另外包括微博、病人医疗记录、文字、图形、视频等信息。

② 来自计算机。各类计算机信息系统产生的数据，以文件、数据库、多媒体等形式存在，也包括审计、日志等自动生成的信息。

③ 来自物理世界各类数字设备、科学实验与可观察所采集的数据。如摄像头不断产生的数字信息集成问题将是面临的首要挑战问题。医疗物联网不断产生的人的各项特征值，气象业务系统采集设备所收集的海量数据等。

大数据将带来前所未有的变革，这也是我们说大数据的到来使我们进入大数据时代的原因。就像电力技术的应用不仅仅像发电、输电那么简单，而是引发了整个生产模式的变革一样，基于互联网技术而发展起来的“大数据”应用，将会对人们的生产过程和商品交换过程产生颠覆性影响，数据的挖掘和分析只是整个变革过程中的一个技术手段，而远非变革的全部。“大数据”的本质是基于互联网基础上的信息化应用，其真正的“魔力”在于信息化与工业化的融合，使工业制造的生产效率得到大幅度提升。

6.2 云计算与大数据的关系

云计算与大数据的关系

从技术层面看，大数据与云计算的关系就像一枚硬币的正反面一样密不可分。大数据必然无法用单台的计算机进行处理，必须采用分布式计算架构来运作。它的特色在于对海量数据的挖掘，但它必须依托于云计算的分布式处理、分布式数据库、云存储和虚拟化技术。

云计算在不断的研讨中迅猛发展，越来越多的应用性服务成为可能。2015年6月28日，在中国互联网20周年高峰论坛上，阿里云业务总经理刘松作了题为“阿里云计算驱动互联网与大数据创新”的主题发言。他表示，每一个移动APP背后必然有一个具有大数据能力的云计算承载，移动互联网、云计算和大数据是三位一体的。阿里巴巴作为国内领先的云服务提供商，致力于打造公共的、开放的、以数据为中心的云计算服务平台。2014 年后，整个云计算市场迎来转折。首先是小型企业使用云服务成为更主流的方式，更重要的一点是中国的大型企业开始考虑使用云计算。在此之后，中国的整个云计算市场加速发展。对于阿里巴巴来说，阿里云在未来发展的过程中要把整个集团积累的数据包括所属公司积累的数据，也变成一种服务。数字化和数据化给云计算的发展带来了巨大的推动力，云计算行业正处在高速发展的历史机遇期。谈到行业的发展趋势，云计算颠覆了传统 IT 的成本，为用户提供灵活的、有弹性的 IT 服务。从行业发展趋势来看，云计算会逐步增加一些应用性服务，包括大数据方面的服务。阿里云也在不断增加数据方面包括存储方面的服务，还有一点就是云计算的发展要逐步开始与行业的解决方案结合。比如，有一些公司自己在应用方面是有所创新的。云计算与大数据的关系如图 6-1 所示。

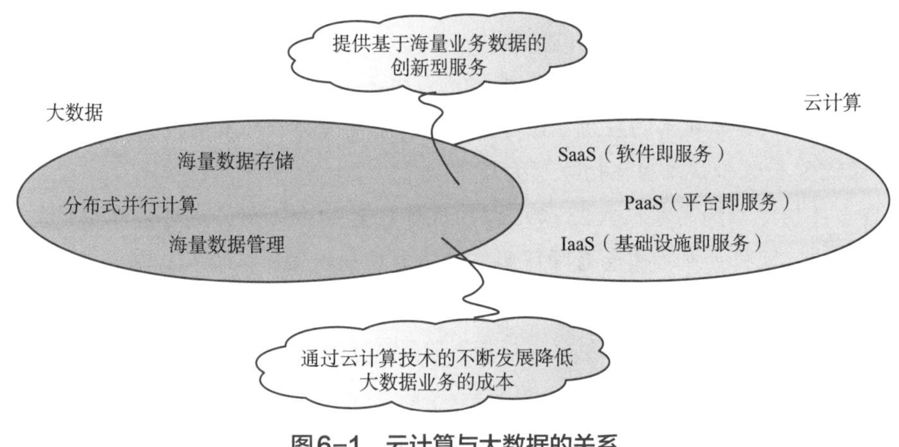

图6-1　云计算与大数据的关系

因此，不难发现大数据与云计算两者是相辅相成的。云计算和大数据实际上是工具与用途的关系，即云计算为大数据提供了有力的工具和途径，大数据为云计算提供了用武之地，而大数据则通过云计算的形式，将这些数据分析、处理，提取有用的信息，即大数据分析。下面给出了云计算与大数据的总体关系：

① 从技术上来看，大数据和云计算的关系密不可分。

② 大数据必然无法用单台的计算机进行处理，必须采用分布式架构。它的特色在于对海量数据进行分布式数据挖掘，但它必须依托云计算的分布式处理、分布式数据库和云存储、虚拟化技术。

③ 云时代的来临，大数据的关注度也越来越高，分析师团队认为大数据通常用来形容一个公司创造的大量非结构化数据和半结构化数据。

④ 大数据分析常和云计算联系到一起，因为实时的大型数据集分析需要像 MapReduce 一样的框架来向数十、数百，甚至数千的计算机分配工作。

⑤ 大数据需要特殊的技术以有效地处理大量的容忍经过时间内的数据。适用于大数据的技术，包括大规模的并行处理数据库、数据挖掘、分布式文件系统、分布式数据库、云计算平台、互联网和可扩展的存储系统。云计算与大数据之间的异同如表 6-1 所示。

表 6-1 大数据与云计算之间的异同

		大数据	云计算
不同点	背景	不能胜任社交网络和物联网产生的大量异构但有价值的数据	基于互联网的服务日益丰富和频繁
	目标	充分挖掘海量数据中的信息	扩展和管理计算机软硬件资源和能力
	对象	各种数据	IT资源、能力和应用
	推动力量	从事数据存储与处理的软件厂商和拥有大量数据的企业	存储及计算设备的生产厂商和拥有计算及存储资源的企业
	价值	发现数据中的价值	节省IT资源部署成本
相同点	（1）目的相同：都是为数据存储和处理服务，需占用大量的存储和计算资源。 （2）技术相同：大数据根植于云计算，云计算关键技术中的海量数据存储技术、海量数据管理技术、MapReduce编程模型，都是大数据技术的基础		

下面是云计算与大数据结合应用的实例。

重庆市市教育考试院邀请部分考生走进阳光高考评卷现场，全程参观高考阅卷过程，云计算、大数据、物联网等新技术的应用，让考生们对自己高考分数的准确性大为放心。

1. 扫描机90余万份试卷扫描切分题块

重庆市当年实际参加高考人数232492人，试卷数量90余万份。这些考卷被计算机扫描后切分成不同题块，随机分发给阅卷老师评阅。在阅卷场扫描室，工作人员取出一叠试卷，每个试卷袋上都编有数字，扫描机会自动识数。扫描时，还有3名工作人员协同操作，扫描试卷份数和清晰度都会得到认真核实。据介绍，扫描室的13台扫描机每天要扫描20万套试卷。

2. 使用云计算快速合成成绩避免人为失误

阅卷场还采用了云计算和虚拟化技术，大大提高了计算机的性能。阅卷场负责人介绍，专门建立的云计算平台内存达到3T，并配备相当于100台普通服务器的高性能存储器。

云计算的引入让工作人员对成绩的合成更加得心应手。该负责人介绍，阅卷老师的计算机都从云上提取数据，速度比以前从服务器硬盘读取提高10倍以上。而且，云中的数据都是碎片化存储，如果没有专门软件，即使下载后也无法读取，确保了阅卷的安全。

该负责人还表示，为避免在成绩合成的环节出现误差，高考成绩将由两组人员按照不同的方法、用不同的软件分别独立进行成绩合成，并对两组合成的成绩进行比对，检查是否完全一致。通过云计算技术的专门成绩合成程序，可以在1小时内完成几十万考生、数十个科目的成绩快速合成，避免人为操作失误。

考生也不用担心网络黑客问题，“因为阅卷场的云计算并不接入互联网，评卷场的网络是一个独立的局域网，与外界进行了物理隔绝。”

3. 物联网现场全天监控，录像视频保留两个月

高考阅卷场还首次增加了物联网视频监控系统，对阅卷场实施24小时监控，200多个摄像头监控着每个阅卷室，阅卷老师有任何小动作，都逃不过高清摄像头的“眼睛”。这些视频监控设备的画面非常清晰，甚至能清楚地看到桌子上的苍蝇。

“监控人员用手机就能实现监控，可以随时把镜头切换到阅卷室任何一个位置，覆盖老师们阅卷的每一个环节。整个阅卷流程录像保存两个月，以备后查。”阅卷场相关负责人说。

4. 四大数据分析进行考生成绩异常纠偏

高考阅卷场还引入了大数据，用计算机对成绩进行数据分析和校核，发现异常及时纠偏。阅卷场工作人员会对每个考生的主客观成绩的一致性进行分析，检查考生的主观题与客观题的差异情况。比如说，一个考生的客观题得了高分，而主观题却得分很低，这种情况通常比较少见，就需要对其进行调查，避免因试卷、条形识别码、密号考号对应、子图对应、漏评、问题卷未及处理等引起成绩差错。对相关科目的成绩也要进行数据分析。“一般来说，学生的科目成绩是相关联的。比如，数学成绩好的考生，理科综合中的物理成绩不会很差；语文成绩好的学生，文科综合成绩也不会很差。”该负责人说，在成绩合成后，工作人员将对考生的相关科目成绩进行大数据分析，如果二者之间的差异超过设定的值，将对考生的试卷进行查卷。

此外，对语文作文和英语作文的成绩也将进行大数据分析并进行比较，如果语文的作文得分与英语的作文得分差异过大，也要进行查卷，以进一步提高作文阅卷的准确性。

6.3　大数据的应用前景

1. 大数据在网络通信中的应用

大数据的应用前景

大数据与云计算相结合释放出巨大的能量，几乎波及到所有的行业，而信息、互联网和通信产业将首当其冲。特别是通信业，在传统话音业务低值化、增值业务互联网化的趋势中，大数据与云计算有望成为其加速转型的动力和途径。对于大数据而言，信息已经成为企业战略资产，市场竞争要求越来越多的数据被长期保存，每天都会从管道、业务平台、支撑系统中产生海量有价值的数据，基于这些大数据的商业智能应用将为通信运营商带来巨大机遇和丰厚利润。例如，电信可通过数以千万计的客户资料，分析出多种使用者行为和趋势，卖给需要的企业，这是全新的资料经济。中国移动通过大数据分析，对企业运营的全业务进行针对性的监控、预警、跟踪，系统在第一时间自动捕捉市场的变化，再以最快捷的方式推送给指定负责人，使他在最短时间内获知市场行情。

2. 大数据在电子政务中的应用

大数据的发展，将极大改变政府现有管理模式和服务模式。具体而言，就是依托大数据的发展，节约政府投入、及时有效进行社会监管和治理，提升公共服务能力。以大数据应用支撑政务活动为例，美国积极运用大数据推动政府管理方式变革和管理能力提升，越来越多的政府部门依托数据及数据分析进行决策，将之用于公共政策、舆情监控、犯罪预测、反恐等活动。借助大数据，还能逐步实现立体化、多层次、全方位的电子政务公共服务体系，推进信息公开，促进网上电子政务开展，创新社会管理和服务应用，增强政府和社会、百姓的双向交流、互动。

3. 大数据在医疗行业的应用

伴随医疗卫生行业信息化进程的发展，在医疗业务活动、健康体检、公共卫生、传染病监测、人类基因分析等医疗卫生服务过程中将产生海量高价值的数据。数据内容主要包括医院的PACS影像、B超、病理分析、大量电子病历，区域卫生信息平台采集的居民健康档案、疾病监控系统实时采集的数据等。面对大数据，医疗行业遇到前所未有的挑战和机遇。例如，Seton

Healthcare是采用IBM最新沃森技术医疗保健内容分析预测的首个客户。该技术允许企业找到大量病人相关的临床医疗信息，通过大数据处理，更好地分析病人的信息。在加拿大多伦多的一家医院，针对早产婴儿，每秒有超过3 000次的数据读取。通过这些数据分析，医院能够提前知道哪些早产儿出现问题并且有针对性地采取措施，避免早产儿夭折。大数据让更多的创业者更方便地开发产品，如通过社交网络来收集数据的健康类APP。也许在数年后，它们搜集的数据能让医生给你的诊断变得更为精确，比方说：一般情况下，成人服药是每日3次，1次1片，而当检测到一位患者的血液中药剂已经代谢完成了,就会自动提醒患者再次服药。社交网络为许多慢性病患者提供临床症状交流和诊治经验分享平台，医生借此可获得在医院通常得不到的临床效果统计数据。基于对人体基因的大数据分析，可以实现对症下药的个性化治疗。对于公共卫生部门，可以通过全国联网的患者电子病历库，快速检测传染病，进行全面疫情监测，并通过集成的疾病监测和响应程序，快速进行响应。

4. 大数据在能源行业的应用

能源勘探开发数据的类型众多，不同类型数据包含的信息各具特点，只有综合各种数据所包含的信息才能得出真实的地质状况。能源行业企业对大数据产品和解决方案的需求集中体现在：可扩展性、高带宽、可处理不同格式数据的分析方案。智能电网现在欧洲已经做到了终端，中国也正在加快步伐更新换代，也就是所谓的智能电表。在德国，为了鼓励利用太阳能，家庭安装太阳能发电装置。通过电网每隔5min或10min收集一次数据，收集来的这些数据可以用来预测客户的用电习惯等，从而推断出在未来2～3个月时间里，整个电网大概需要多少电。预测后，就可以向发电或者供电企业购买一定数量的电。通过预测可以降低采购成本。维斯塔斯风力系统，依靠的是BigInsights软件，然后对气象数据进行分析，找出安装风力涡轮机和整个风电场最佳的地点。利用大数据，以往需要数周的分析工作，现在仅需要不足1 h便可完成。

5. 大数据在零售行业的应用

从商业价值来看，大数据究竟能从哪些方面挖掘出巨大的商业价值呢？根据IDC和麦肯锡的大数据研究结果的总结，大数据主要能在以下4个方面挖掘出巨大的商业价值：对顾客群体细分，然后对每个群体量体裁衣般地采取独特的行动；运用大数据模拟实境，发掘新的需求和提高投入的回报率；提高大数据成果在各相关部门的分享程度，提高整个管理链条和产业链条的投入回报率；进行商业模式、产品和服务的创新。

在商业领域，沃尔玛公司每天通过6 000多个商店，向全球客户销售超过2.67亿件商品，数据规模达到4PB，并且仍在不断扩大。沃尔玛公司通过分析销售数据，了解顾客购物习惯，得出适合搭配在一起出售的商品，还可从中细分顾客群体，提供个性化服务。在金融领域，华尔街德温特资本市场公司通过分析3.4亿微博账户抛售股票的规律，决定公司股票的买入或卖出。阿里巴巴公司根据在淘宝网上中小企业的交易状况筛选出财务健康和讲究诚信的企业，对他们发放无须担保的贷款。当我们去购物时，商家结合历史购买记录和社交媒体数据来为我们提供优惠券、折扣和个性化优惠。零售企业也监控客户的店内走动情况以及与商品的互动，它们将这些数据与交易记录相结合来展开分析，从而在销售哪些商品、如何摆放货品以及何时调整售价上给出意见，此类方法已经帮助某领先零售企业减少了17%的存货，同时在操持市场份额的前提下，增加了高利润率自有品牌商品的比例。

6. 大数据在气象行业的应用

与世界大数据时代的进程相同，气象数据量不断翻番。目前，每年的气象数据已接近PB量级。以气象卫星数据为例：虽然气象卫星是用来获取与气象要素相关的各类信息的，然而在森林草场火灾、船舶航道浮冰分布等方面，气象卫星却同样也能发挥出跨行业的实时监测服务价值。气象卫星、天气雷达等非常规遥感遥测数据中包含的信息十分丰富，有可能挖掘出新的应用价值，从而拓展气象行业新的业务领域和服务范围。比如，可以利用气象大数据为农业生产服务。美国硅谷有家专门从事气候数据分析处理的公司，从美国气象局等数据库中获得数十年来的天气数据，然后将各地降雨、气温、土壤状况与历年农作物产量的相关度做成精密图表，可预测各地农场来年产量和适宜种植品种，同时向农户出售个性化保险服务。气象大数据应用还可在林业、海洋、气象灾害等方面拓展新的业务领域。

除了上述行业应用外，大数据在教育科研、生产制造、金融保险、交通运输等行业有密切应用。大数据在金融行业可用于客户洞察、运营洞察和市场洞察。大数据在智能交通、智慧城市建设方面也有出色表现。随着社会、经济的发展，各行业各类用户对于智能化的要求将越来越高，今后大数据技术会在越来越多领域得到广泛应用，通过大数据的采集、存储、挖掘与分析，大数据在营销、行业管理、数据标准化与情报分析和决策等领域将大有作为，将极大提升企事业单位的信息化服务水平。随着云计算、物联网、移动互联网等技术的快速发展，大数据未来发展空间将更加广阔。毫不夸张地说，当前网络信息化时代已经是大数据的时代，在大量的数据信息中，人们能够通过正确利用这些巨量数据而方便自己的生活，提高生活质量。

6.4　大数据面临的问题与挑战

大数据面临的问题与挑战

正如马云所说的："大家还没有搞清楚PC时代的时候，移动互联网来了；还没有搞清楚移动互联网的时候，大数据时代来了。"大数据时代的到来，的确有些匆忙和突然。说实话，前面的PC、移动互联网，人们还没搞清楚，大数据时代就已经来了。大数据时代究竟是怎样的时代呢？在这个时代人们又将享受到什么样的便利，面对什么样的新问题呢？下面我们不妨先一起看看大数据时代的6个非技术问题：

1. 个人隐私泄露的问题

大数据时代一个显著的特点就是数据爆炸，各种数据，不论是公开还是私密的、过去的还是现在的、虚拟的还是实体的，都会在网络中普遍存在。这些泛化的数据包，如同空气一般弥漫在人们周围，加之现在信息感知技术的日益提高，那些关系到个人隐私的数据会不会被别人看到？我们是否能得到别人的隐私数据呢？这些从技术上来说都是可以实现的。那么，就有一个问题摆在我们面前：人们该如何才能保护好自己的数据，不被他人窃取？对于每个个体来说，这都很重要。因为一旦出现数据泄露，对个体本身造成的损伤都会非常大。大数据的危险，可能会出现在一个不起眼的小细节上，一个微小的失误，就有可能造成无法挽回的损失。

随着大数据技术的进步，窃取个人信息将成为越来越容易的事情。这就给大数据时代提出了新要求，如何避免个人信息泄露的问题。

2. 政策监管问题

在数据采集技术日趋成熟的大数据时代，虽然可以通过建设反病毒、防火墙等技术手段来减少个人信息泄露的代价和提高泄露的难度，但要真正保障个人信息和安全，除了技术手段，还需要法制手段，需要国家在政策方面加以监管，做好更高层面的筛查，保证大数据技术真正为社会所用，发挥其正面作用。

3. 市场垄断问题

大数据时代数据的产生是多样的，不同种类、不同结构、不同层面、不同大小的数据每时每刻都在被人们生产出来，然后被人为地收集在一起，形成一个数据存储库，通过技术手段进行整理、归类、分析、判断和汇总，回流到信息市场，为各类组织和个人所用。但这种经过分析的数据，往往控制在一些技术、资本实力较强、处于垄断地位的大公司手中，而一些实力弱、技术差的企业所能获得的数据，以及利用数据的质量都相对要低。那么如何让这些数据真正地为社会所用，为更多的人服务呢？这同样是大数据时代要面对的非技术性问题。

4. 个性发展问题

不能否定，在大数据时代，人们能够获得越来越多，甚至是同步的信息，这虽然大大方便了人们的生活，但也引发了一个很严肃的问题。那就是，我们每天接收到的相似信息越来越多，有个性、有特色的信息越来越少。

5. 智力分化问题

在大数据时代，这个问题可能具有滋生和恶化的趋势。大数据时代对高科技的要求一方面使得掌握这些技术的人员，不得不运用各种方法获得丰富的知识、充足的资源，快速地提高自身的水平，以求能够赶得上时代的发展和技术上的更新换代。在这种情况下，这一部分人的智力水平就很有可能会被大大提升。而另一方面，科技的发达使得普通的人生活变得更加方便快捷，比如购物，相关软件会告诉我们什么品牌的产品更适合我们，什么时候产品的价格最为优惠，如此一来人们甚至不需要思考、对比，就能轻轻松松以最优惠的价格买到最需要的东西。

6. 组织安全问题

对于企业、机构等各种组织来说，大数据虽然在产品开发、市场营销等方面存在着各种优点，能够给人们提供海量数据，帮助决策者提高洞察力，帮助企业对消费者行为进行精确掌控。但优势与风险总是并存的，个人、企业、组织等在获取信息的同时，自己的信息也可能被窃取。信息的泄露对个人、企业的危害相对较小，而对于组织、国家安全问题而言，这一问题就变得不容忽视。各类组织之间的安全问题交织在一起，传统的解决方案已经无法发挥效用。大数据时代，难的不是技术问题，技术之外的问题远比技术本身带来的问题难处理。同时，技术之外的问题给人们带来的麻烦和挑战也更加棘手。因此，在大数据时代人们除了思考技术问题外，非技术问题更需要引起重视和关注，唯有真正解决了这些问题，大数据时代科技的进步才能给人们带来实质上的实惠和便利。

大数据发展至今，充分显示了其先天的优越性和后天的价值。如今，社会无处不在的信息感知和采集终端为我们收集了大量的数据，而且随着以云计算为代表的计算技术的不断进步和计算机计算能力的不断提高，我们整个世界仿佛都被包围在了一个以数据为形式的空间里。在数据空间里，虽然人们可以通过数据分析轻松地获取所需信息，提高商业盈利，但是，就目前大数据的发展来看，这种数据空间里不仅存在着各种机遇，同时也存在着各种挑战。

① 各种数据的大量激增，使得数据服务运营商的带宽能力与对数据洪流的适应能力面临前所未有的挑战。

② 大数据价值的开发，同时需要高速信息传输能力和低密度有价值数据的快速分析、处理能力的支持。数据量的快速增长，不仅对存储技术提出了挑战，而且对大数据处理和分析的能力也提出了挑战。

③ 虽然通过大数据环境下对用户数据的深度分析，能够很轻松地获得用户行为和喜好，乃至企业用户的商业机密，但这也对个人隐私形成了威胁，如果不处理好这个问题势必会引起民众的反对和抗议，这就向政府部门制订规则与监管部门发挥作用提出了新的挑战。

④ 大数据时代的基本特征，给其技术创新和商业模式创新提供了空间，然而，如何创新就成为了如今大数据时代面临的又一个挑战。

⑤ 各种数据中，有很多都是在网上产生的，这其中牵涉到很多私密信息、商业机密，以及个人和企业账户问题。随着计算机黑客的组织能力、作案工具、作案手法及隐蔽程度的提升，如何保证安全问题成为大数据收集和存储技术面临的挑战。

近年来，大数据迅速激增，其应用范围也在快速扩展，但是大数据人才却极为缺乏。大数据时代对数据分析师的要求极高，只有大数据专业化的人才，才具备开发预言分析应用程序模型的技能。

如今，大数据时代已经奔涌而至，作为社会中的一员，我们每个人既是大数据的缔造者，又是大数据的使用者。因为每个人的认知和行为方式都在源源不断地产生各种各样的数据，每个人的大脑几乎每时每刻都在对所观察到和所搜集到的各种数据进行分析，以期得出结论。同时，我们每个人更是大数据的直接受益者，因为通过对大数据的分析和挖掘，大数据的价值也将体现在指导人的行动中，而这又将是推动社会不断进步的助力。

6.5　实践任务

1．了解互联网和物联网中大数据的特点。

2．选择几家知名互联网公司（BAT）数据，并比较其异同点。

3．大数据目前在互联网中典型的应用有哪些?

小　结

本章介绍了大数据与云计算的关系，包括大数据的概念与特点、大数据的应用以及大数据的潜在风险，更好地认识了大数据与云计算之间的关系。

习　题

一、选择题

1．大数据的起源是（　　）。

A．金融　　B．电信　　C．互联网　　D．公共管理

2．大数据的显著特征是（　　）。

A．数据规模大　　B．数据类型多样

C．数据处理速度快　　D．数据价值密度高

3．社会中，最为突出的大数据环境是（　　）。

A．互联网　　B．物联网　　C．综合国力　　D．自然资源

4．关于大数据的分析理念的说法中，错误的是（　　）。

A．在数据基础上倾向于全体数据而不是抽样数据

B．在分析方法上更注重相关分析而不是因果分析

C．在分析效果上更追究效率而不是绝对精确

D．在数据规模上强调相对数据而不是绝对数据

5．下列论据中，能够支撑“大数据无所不能”的观点的是（　　）。

A．互联网金融打破了传统的观念和行为

B．大数据存在泡沫

C．大数据具有非常高的成本

D．个人隐私泄露与信息安全担忧

6．大数据产业发展的特点是（　　）。（多选题）

A．规模较大　　B．规模较小

C．增速很快　　D．增速缓慢

E.多产业交叉融合

7．大数据管理方式的变革是指（　　）。

A．目标驱动—数据驱动

B．基于知识的方法—基于数据的方法

C．复杂算法—简单分析

D．业务数据化—数据业务化

8．大数据计算方式的变革是指（　　）。

A．目标驱动—数据驱动

B．基于知识的方法—基于数据的方法

C．复杂算法—简单分析

D．业务数据化—数据业务化

9．健康手环的应用开发，体现了（　　）的数据采集技术的应用。

A．统计报表　　B．网络爬虫　　C．API接口　　D．传感器

10. 大数据在金融行业可用于（　　）。

A. 客户洞察　　B. 创新社会管理

C. 运营洞察　　D. 市场洞察

二、简答题

1. 大数据的定义与特征？
2. 大数据来源、处理基本流程和处理模式有哪些？
3. 大数据的安全与隐私？
4. 云计算与大数据的关系？
5. 从商业价值来看，大数据究竟能从哪些方面挖掘出巨大的商业价值？

第7章 云计算平台简介

Google、微软和Amazon等公司大力发展自身的云计算平台；IBM公司和Oracle公司分别通过整合和收购，形成了业界最为庞杂的云产品布局；EMC公司和Citrix公司分别通过收购VMware公司和XenSource公司进军虚拟化市场；Salesforce公司和Apple公司则盯上了广阔的SaaS市场，国内的云计算平台也在不断崛起，比较著名的平台有阿里巴巴、新浪、百度、盛大、腾讯和华为等。各大云计算公司的产品的思路和特色如表7-1所示。

表7-1　国内外部分云平台情况（排名不分先后）

	公司	云平台	网站
国外	亚马逊	Amazon AWS	https://amazonaws-chinA.com/cn/
	DELLEMC	VMware vSphere	https://www.vmware.com/cn.html
	微软	Microsoft Server Cloud	http://www.microsoft.com/zh-cn/server-cloud/
	IBM	Cloud Computing	http://www-31.ibm.com/ibm/cn/cloud
国内	阿里巴巴	ACE（Aliyun Cloud Engine）	http://www.aliyun.com/product/ace/
	新浪	SAE（Sina App Engine）	http://www.sinaclouD.com/
	百度	BAE（Baidu Cloud Environment）	https://clouD.baidu.com/
	盛大	Grand Cloud	http://www.grandclouD.cn/product/ae
	腾讯	CVM（Cloud Virtual Machine）	https://clouD.tencent.com/
	华为	ECS（Elastic Cloud Server）	https://activity.huaweiclouD.com

7.1 Amazon

Amazon与DELL EMC

Amazon公司是一个电子商务网站。最早的云计算产品并不是由传统的专业软件公司推出的，而是由电子商务公司Amazon公司推出的，这无疑说明Amazon公司对云计算的理解和认识是非常深入的。

Amazon公司云计算部门的负责人Jeff Barr认为，作为一家超大型零售企业，Amazon公司在规划和设计自身的电子商务软件系统架构时，不得不为了应付销售旺季的高峰而购买更多的设备，但这些设备在平时却处于空闲状态。为此，Amazon公司打算将这些闲置的设备和技术经验一起打包作为一种产品为其他企业提供服务，从而创造价值。

为了解决这些租用服务中的灵活性、可靠性、安全性等问题，Amazon公司持续优化相关技术，从2004年开始陆续推出了简单队列服务、Mechanical Turk等云计算的服务雏形，2006年推出的简单存储服务和弹性计算云可以算作其云计算服务成熟的标志。

Amazon公司的云计算产品总称为AWS（Amazon Web Service）。如今，Amazon Web Services在云中提供高度可靠、可扩展、低成本的基础设施平台，为全球190个国家/地区内成百上千家企业提供支持。数据中心位于美国、欧洲、巴西、新加坡、日本和澳大利亚，让各行各业的客户都能获得以下优势：

1. 成本低廉

AWS可以用多少付多少，无预付费用，无须签订长期使用合约。能够构建和管理大规模的全球基础设施，并以降低价格的形式节约成本。

2. 敏捷性和即时弹性

AWS提供大型全球云基础设施，能够快速创新、试验和迭代。可以即时部署新应用程序，随工作负载增长即时增大，并根据需求即时缩小，而不是花数周或数月时间等待硬件。无论用户需要一个还是数千个虚拟服务器，无论需要运行几个小时还是全天候运行，仍然只按实际用量付费。

3. 开放、灵活

AWS是一款独立于语言和操作系统的平台，可以选择对用户的业务最有意义的开发平台或编程模型。用户可以选择使用哪些服务，一种还是几种，并选择其使用方式。这种灵活性使用户能够专注于创新，而不是基础设施。

4. 安全

AWS是一个安全持久的技术平台，已获得以下行业认可的认证和审核：PCI DSS Level 1、ISO 27001、FISMA Moderate、FedRAMP、HIPAA、SOC 1（之前称为SAS 70和/或SSAE 16）和SOC 2审核报告。服务和数据中心拥有多层操作和物理安全性，以确保数据的完整和安全。

如图7-1所示，它提供了一个高度可靠和可扩展的基础架构，包括了计算、存储、内容分发等多项内容。

AWS内容非常丰富，包括EC2（Elastic Compute Cloud）、Elastic MapReduce等提供计算服务的产品；S3（Simple Storage Service）、Elastic Block Store、SimpleDB、RDS（Relational Database Service）等提供存储服务的产品；SQS（Simple Queue Service）、SNS（Simple Notification Service）、SES（Simple Email Service）等提供消息服务的产品；Route 53、VPC（Virtual Private Cloud）、Direct Connect、Elastic Load Balancing等提供网络服务的产品；CloudFront、FWS（Fulfillment Web Service）、CloudFormation、FPS（Flexible Payment Service）、DevPay、Mechanical Turk等提供内容分发、商务管理、支付计费等服务的产品。

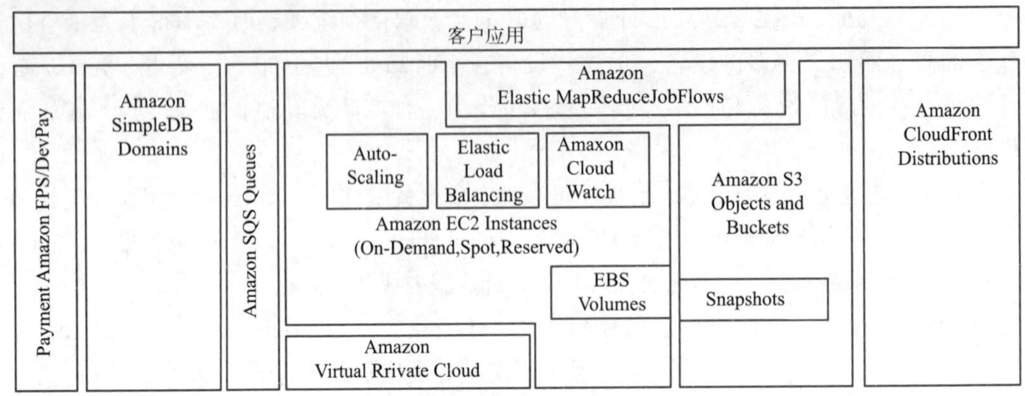

图7-1　Amazon公司的AWS

其中最为著名、应用最为广泛的是计算服务EC2、存储服务S3、数据库服务SimpleDB和消息队列服务SQS。

下面详细介绍Amazon公司的EC2、S3、SimpleDB和SQS。

① EC2使用Xen虚拟化技术为用户提供虚拟私有服务器，并提供Web方式使得用户可以在这个虚拟服务器上运行自己的应用程序。

为了计费方便，Amazon公司提出了计算实例的概念，每个计算实例包含确定的计算单元、内存和硬盘资源，根据用户实际使用计算实例的时间进行收费。例如，一个标准的小型计算实例配置为：1个虚拟机上运行的1个EC2计算单元，1.7 G内存和160 G硬盘。对应的，在美国东部针对Linux或UNIX上的标准小型计算实例按照每小时0.085美元收费，针对Windows上的标准小型计算实例则按照每小时0.12美元收费。

② S3提供了一种基于Web的存储服务，可用来上传、存储和下载文档、图片、影像以及应用数据等非结构化数据。

③ 与S3不同，SimpleDB是一个支持结构化数据存储和查询的轻量级数据库服务，其存储模型包括域（Domain）、项（Item）和属性（Attribute）三个层次。每个域包括多个项，每个项包括一个或多个属性，属性是一个或多个文本组成的数据集合。为理解方便，可以将项看作关系数据库中的行，将属性看作关系数据库中的列。

④ SQS是一款用于分布式应用程序之间数据传递的消息队列服务。消息是可以存储到SQS队列中的数据，应用程序可以通过接口执行添加、删除和读取操作；队列是消息的容器，提供了消息的传递机制。

为了帮助用户快速理解并使用AWS服务，Amazon公司提供了一个应用示例GrepTheWeb。GrepTheWeb是一个文档搜索应用程序，它能够从大量的文档URL输入集合中根据要求搜索出匹配的文档URL集合。GrepTheWeb使用了EC2、S3、SimpleDB和SQS来构建自己的应用，如图7-2所示。

GrepTheWeb应用构建在分布式集群系统Hadoop之上，Controller运行在集群服务器的EC2服务中，通过SQS与其他应用交互消息，并使用S3存储海量的文档URL输入信息和匹配的文档URL输出集合，使用SimpleDB存储中间状态、日志信息和用户数据。

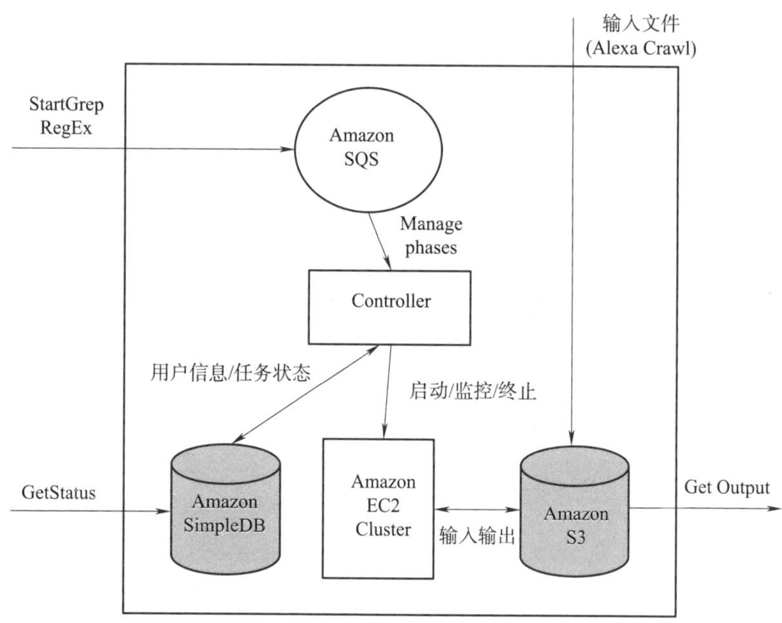

图7-2 AWS应用示例——GrepTheWeb

7.2 DELL EMC

2015年10月12日，戴尔与数据存储公司EMC的并购完成，最终戴尔以670亿美元收购了EMC，2016年8月31日，有外媒报道称，戴尔公司已取得中国监管机构的批准，计划于9月7日完成收购EMC Corp.(EMC)的交易。而EMC旗下拥有众多全资及部分控股子公司，包括网络安全公司RSA Security LLC、软件开发公司Pivotal Software InC.、云软件公司Virtustream和虚拟机软件公司VMware。1998年2月10日，VMware在美国的加利福尼亚州帕洛阿尔托市成立，由 Diane Greene担任首席执行官。实际上，除了VMware 虚拟化系列产品之外，EMC公司还拥有Atmos云存储平台产品。

EMC Atmos是全球可访问的云存储平台，可管理内容丰富的应用程序、大规模内容基础架构和云服务提供商环境中的内容，如图7-3所示。

EMC Atmos可以在使用用户自己的存储解决方案的虚拟化环境中运行，也可以在EMC专门构建的低成本、高密度硬件中运行。Atmos提供了全面的高级云存储功能，包括全球不受限制的命名空间、多租户、基于策略的智能管理、针对云优化的保护、一体式数据服务、Web服务、文件访问和自动化系统管理等。

下面介绍VMware虚拟化产品系列。

图7-4描述了VMware虚拟化产品布局的情况，其中vSphere是针对数据中心的虚拟化解决方案，vShield是云计算的安全解决方案，vCenter和vCloud Director为用户提供虚拟机集中管理方案，而View是桌面虚拟化产品。

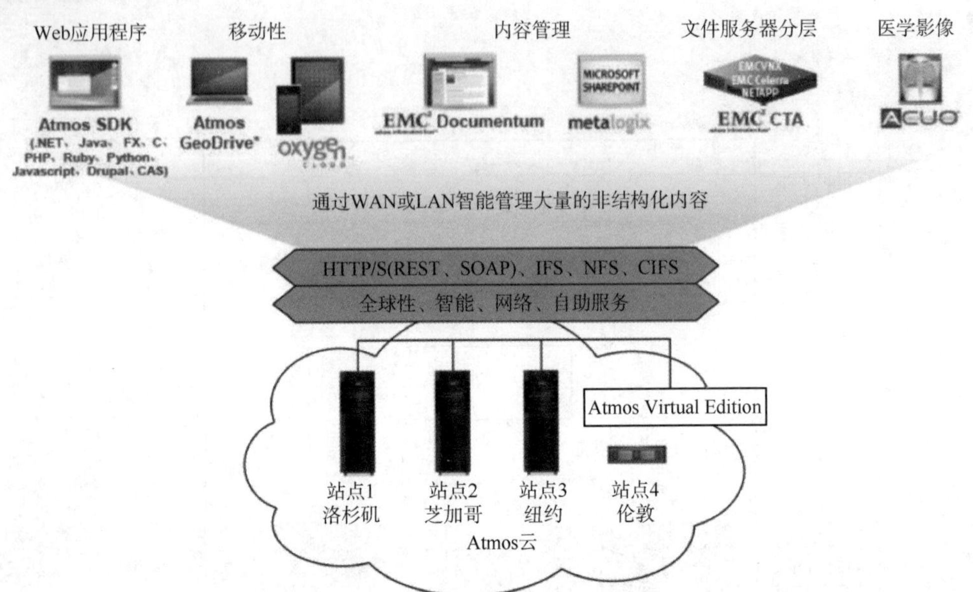

图7-3　EMC Atmos云存储平台

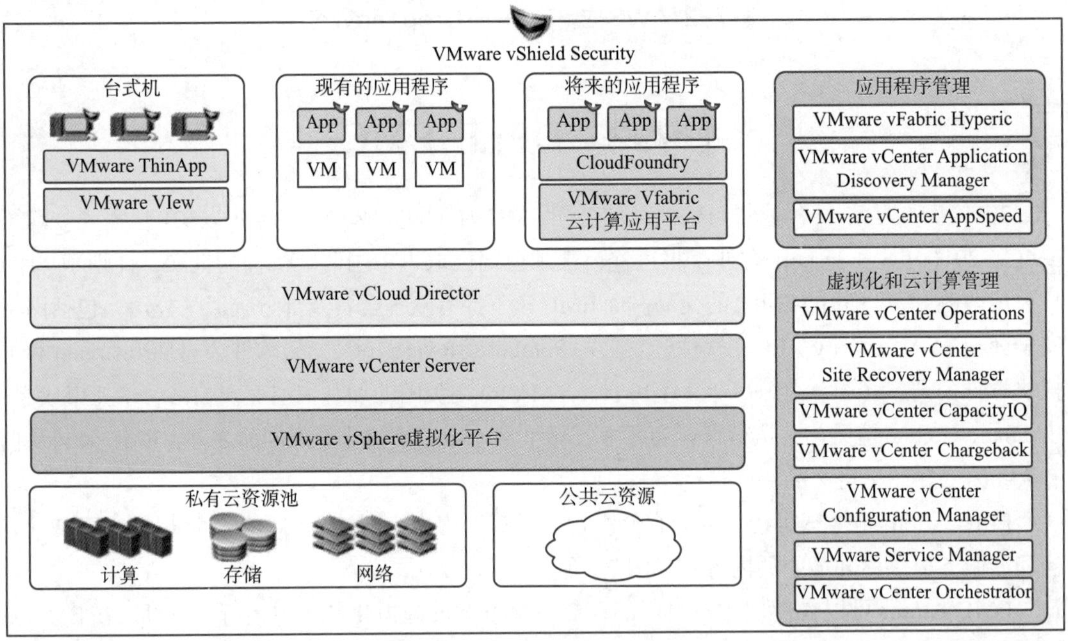

VMware vShield Security

台式机
VMware ThinApp
VMware VIew

现有的应用程序
App App App
VM VM VM

将来的应用程序
App App App
CloudFoundry
VMware Vfabric
云计算应用平台

应用程序管理
VMware vFabric Hyperic
VMware vCenter Application Discovery Manager
VMware vCenter AppSpeed

VMware vCloud Director
VMware vCenter Server
VMware vSphere虚拟化平台

私有云资源池
计算　存储　网络

公共云资源

虚拟化和云计算管理
VMware vCenter Operations
VMware vCenter Site Recovery Manager
VMware vCenter CapacityIQ
VMware vCenter Chargeback
VMware vCenter Configuration Manager
VMware Service Manager
VMware vCenter Orchestrator

图7-4　VMware虚拟化产品族

vSphere针对小型企业和大中型企业推出了Essentials、Essentials Plus、Standard、Enterprise和Enterprise Plus等多种解决方案。其中Essentials和Essentials Plus专为物理服务器数量不足20台的小型企业设计，这些套件提供企业级虚拟化，并具备集成管理和业务连续性功能；Standard属于入门级解决方案，用于实现应用程序的基本整合，以大幅削减硬件成本，同时加速应用程序部署；而Enterprise和Enterprise Plus则包括了全套功能，可用于将数据中心转变为显著简化的云计算环境，从而提供新一代灵活可靠的IT服务。

vCenter Server可从单一控制台统一管理数据中心的所有主机和虚拟机，使得IT管理员能够提高控制能力、简化日常任务，并降低IT环境的管理复杂性与成本。而vCloud Director可将数据中心资源（包括计算、存储和网络）及其相关策略整合成虚拟数据中心资源池，通过有计划地对基础架构、用户和服务进行基于策略的优化，能够智能地实施策略并带来前所未有的灵活性和可移植性。

7.3 Google

Google是最早提出云计算的公司之一，由搜索引擎起家，在对分布式系统研究到一定程度之后，顺势推出了其云计算平台Google App Engine（GAE）。如图7-5所示，目前来看，Google的云计算产品可以划分为三个层次。

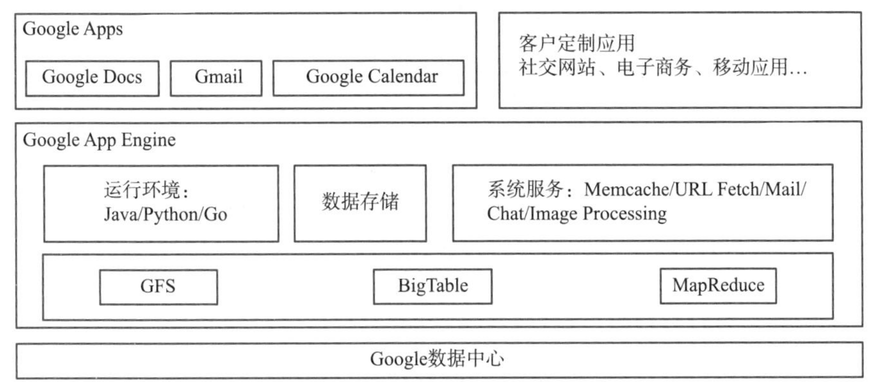

图7-5　Google的云计算产品

最底层是遍布世界各地的Google数据中心，Google公司在全球一共拥有36个数据中心，其中包括美国19个、欧洲12个、俄罗斯1个、南美1个和亚洲3个。出于成本考虑，Google数据中心没有采用昂贵的服务器配置，而是使用了自行研制的廉价服务器。

中间层是Google公司的云计算平台GAE，可以分为基础设施和应用两个层面。基础设施层的核心为：分布式文件系统GFS、分布式数据库系统BigTable和分布式计算框架MapReduce；应用层则包括运行环境、数据存储和系统服务三个组成部分。

最上层是构建在GAE之上的应用程序，包括Google Apps应用服务和客户自己研发的应用程序。其中Google Apps是Google公司推出的服务，包括常用的Google Docs、Google Calendar和Gmail等。

看起来GAE就是Google公司云计算产品的核心技术了，从应用程序的角度来看，可以把GAE划分为运行环境、数据存储和系统服务三部分，如图7-6所示。

GAE是一种典型的Web应用环境，采用CGI接口实现，应用服务器（App Server）上可以部署Java虚拟机或Python翻译器，可以支持Java和Python两种运行环境。2009年11月10日，谷歌发布了一种全新的编程语言——GO，特别有利于在ARM上运行，其特点就是简单、简洁、高效，其融合了C++的高效和Java的灵活，并且语法特色也和它们非常的相似，对于C++及Java程序员来说很容易上手。用来解决C++及Java语言的构建缓慢、依赖性难以控制、每个编程语言都使用不同的语言子集、程序难以理解（文档等原因）、重复工作、更新成本高、版本交叉、自动化不方便（工具问题）和跨语言构建等问题。

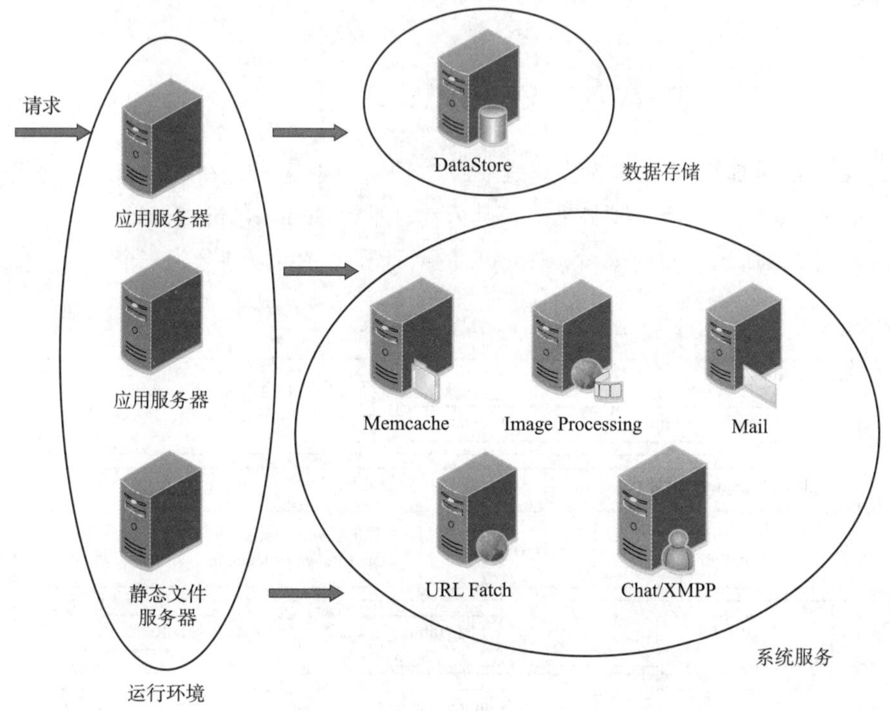

图7-6　GAE的系统架构

GAE应用程序采用沙箱模型，每个客户请求运行在独立的沙箱之内，从而保证了各应用实例之间互不影响。

在运行环境中，除了应用服务器之外，GAE还部署了一些静态文件服务器（Static File Server），专门用于存储和传送那些包含图片、CSS在内的静态资源文件，这样可以大大提高应用程序的性能。

数据存储（DataStore）是建立在BigTable之上的分布式数据存储服务，实际上也可以看作是一种系统服务，只不过由于其特殊性和重要性而专门从系统服务中独立出来加以阐述。

GAE应用程序与DataStore之间以实体（Entity）为单位进行数据交互，每个实体包括一个或多个属性（Property），每个属性包括一个名字和一个取值。每个实体有一个唯一的键值（Key），每个实体可以归属到一个类（Kind）。DataStore采用乐观并发控制策略，即当一个应用程序正在修改实体时，如果另一个应用程序打算对同一个数据实体进行修改，会返回一个并发错误异常。

另外，GAE在BigTable基础上还提供了GQL（Google Query Language）查询语言，GQL可以看作是SQL数据库查询语言的一个子集实现。

除了应用服务器和DataStore之外，GAE还集成了许多系统服务，开发GAE应用程序时都可以使用这些系统服务。

Memcache支持将经常使用的数据存储在内存中，以提升应用程序的性能；URL Fetch服务可以用来通过HTTP请求获取互联网其他服务器上的资源；GAE应用程序还可以使用Mail服务来通知客户或确认客户行为；XMPP服务可用来与其他兼容XMPP的即时通信软件（如Google Talk）通信；图像处理服务还为应用程序提供了简单的图像处理和转换等功能。

7.4 微　　软

作为软件业界的巨头，微软公司凭借其一贯以来在Windows操作系统、SQLServer数据库以及.NET编程框架等方面深厚的技术积累，推出了全新的Windows Azure Platform云计算平台，并迅速整合了一系列云计算产品。

如图7-7所示，微软公司的云计算产品可以依照云计算的层次模型从IaaS、PaaS和SaaS三个层面进行划分。

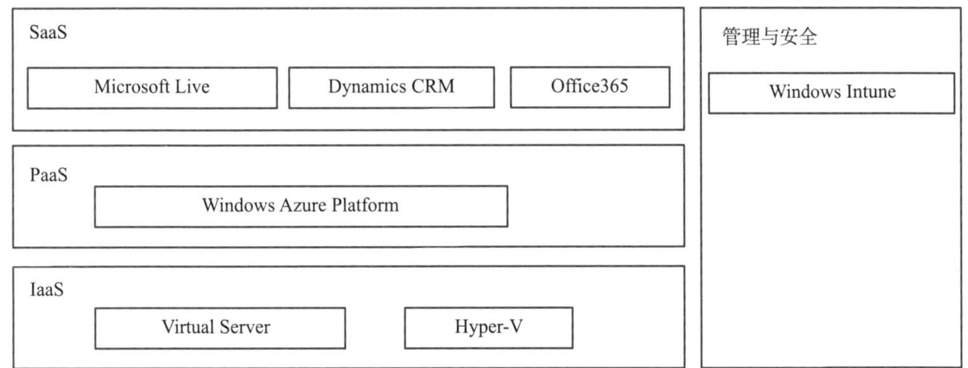

图7-7　微软公司的云计算产品

在IaaS层面，微软公司提供了两款服务器虚拟化软件Virtual Server和Hyper-V。Virtual Server是微软公司较早推出的服务器虚拟化产品，它通过打补丁的方式安装运行在Windows 2003上。Hyper-V是微软公司伴随Windows 2008推出的新一代虚拟化产品，它直接运行在服务器硬件之上，并且支持Intel和AMD最新的硬件辅助虚拟化技术，系统性能得到了很大的提升。

在PaaS层面，微软公司提供了重量级云计算平台Windows Azure Platform。

在SaaS层面，微软公司提供了面向个人用户和面向企业用户两种软件服务。面向个人用户的软件服务是以Live解决方案为核心的一系列软件服务，例如，Windows Live SkyDrive、Hotmail、Live Messenger、Bing等。面向企业用户的软件服务大多是由微软公司已有的相关服务器产品衍生而来的，包括Office365和Dynamics CRM。

Office365是微软公司下一代云办公平台，使得用户通过Web浏览器就可以直接使用软件服务，它包括Office WebApps、Exchange Online、SharePoint Online和Lync Online。其中Office WebApps是Word、Excel、PowerPoint和OneNote的联机版本，可用来直接从Web浏览器访问、查看和编辑文档；Exchange Online可以提供电子邮件、日历和联系人服务；SharePoint Online

可以提供一个协作共享团队的解决方案；而Lync Online是下一代云通信软件产品，可以提供即时通信、音频通话、视频通话和联机会议等服务。

Dynamics CRM将大家熟悉的Office应用结合到一个强大的客户关系管理云解决方案中来提升销售业绩并改善客户服务，而Dynamics CRM Online进一步使得销售人员可以使用类似Outlook的操作体验随时随地接入客户数据库以了解实时商务进展。

除此之外，在管理层面，微软公司还提供了像Windows Intune这样的桌面管理工具。Intune可以通过网络为安装Windows 操作系统的计算机提供远程管理和安全服务，定位在为中小规模企业用户（25～500台计算机范畴）提供云管理功能。

Windows Azure Platform构建在微软公司的数据中心之上，用户可以在其基础上二次开发应用程序。Windows Azure Platform可以划分为Windows Azure、SQL Azure和Windows Azure Platform AppFabric三大组成部分，如图7-8所示。

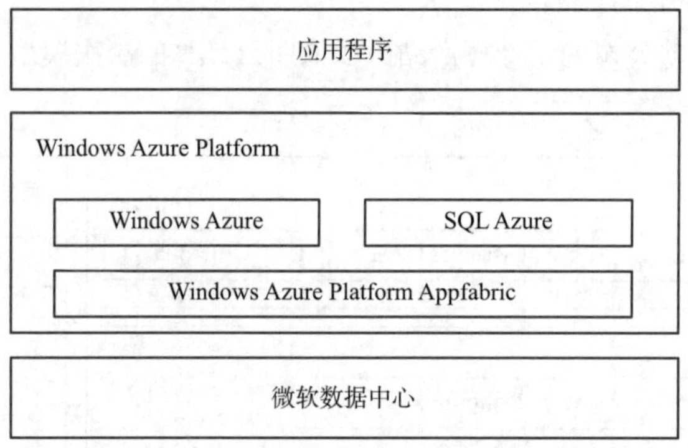

图7-8 Windows Azure Platform

Windows Azure Platform是微软公司的云计算平台产品，而Windows Azure是其中一部分，可以看作是云计算操作系统。

如图7-9所示，可以把Windows Azure进一步划分为三个组成部分，包括计算环境、存储服务和Windows Azure Fabric Controller。

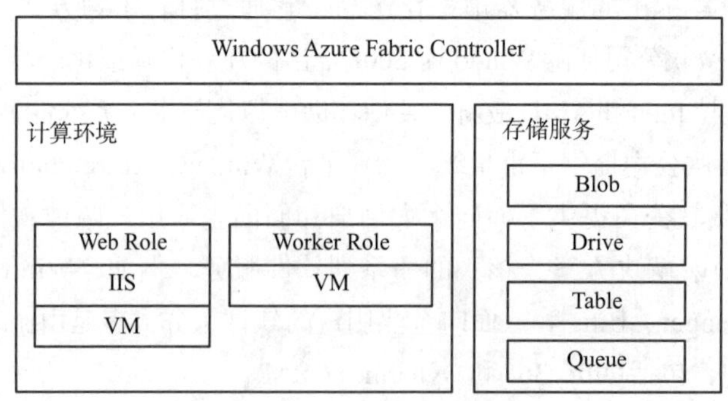

图7-9 Windows Azure

每个Windows Azure中的应用程序都是运行在计算环境的虚拟机之上的，可以分为Web Role 和Worker Role两种类型。其中Web Role类型的应用程序是运行在IIS 中的Web应用程序，而 Worker Role 类型的应用则可以看作类似于 Windows 中的服务。

Windows Azure 的存储服务是一个可扩展、高可用的持久化服务，可以存储任何类型的应用数据，它提供了四种类型的存储服务：大型的二进制 Blob 对象可用来存储图片、视频和音频文件；Windows Azure Drive 提供了一个虚拟硬盘，可以让用户像操作 NFTS 硬盘一样来存取数据；Table 可以用来存储数量巨大而结构相对简单的数据；Queue 是为可靠的异步消息传递而设计的，可用来实现应用程序之间的异步通信。

Windows Azure Fabric Controller 负责管理所有的计算资源和存储资源，部署新的服务并监视每个被部署服务的健康，当某个服务失效时，Fabric Controller 负责准备必要的资源并且重新部署应用。

SQL Azure 是一个具有高扩展性和高可用性的云数据库服务，它支持 SQL Server 中绝大多数和开发相关的功能。如图 7-10 所示，SQL Azure 服务包括基础设施层、平台层、服务层和客户层共四个层次，其中基础设施层、平台层和服务层都运行在微软公司的数据中心。

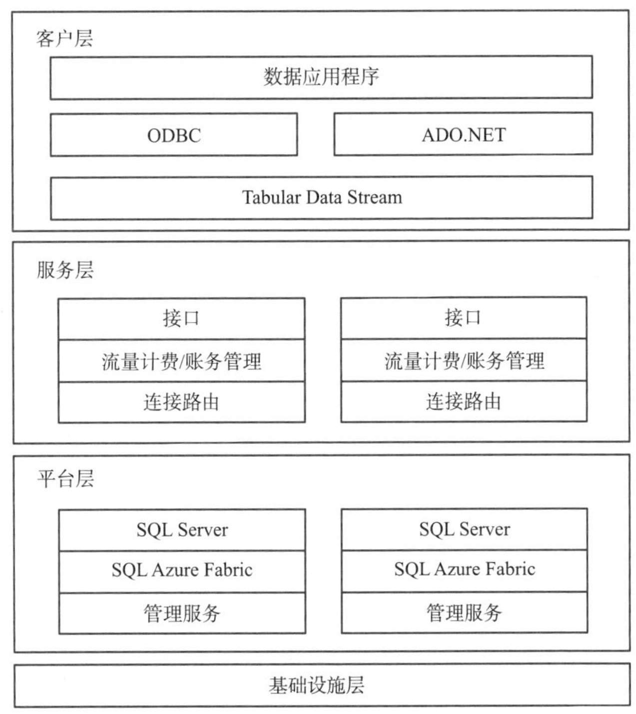

图7-10　SQL Azure

基础设施层主要包括微软数据中心的服务器等设备。

在平台层中，SQL Server 数据库实例保存了客户部署的数据，SQL Azure Fabric 负责完成数据库的自动部署、备份、故障转移和负载均衡等工作，而管理服务负责系统的维护和升级等管理工作。

服务层向应用程序提供 TDS（Tabular Data Stream）访问协议，同时负责流量计费及用户账务的管理。

客户层并不属于SQL Azure本身的范畴，应用程序在这一层可以使用ODBC、ADO.NET等接口访问SQL Azure。

Fabric Controller是Windows Azure内部的一个组成部分，而Windows Azure Platform AppFabric（以下简称为AppFabric）则是Windows Azure Platform中的一个组成部分，在逻辑关系上AppFabric是与Windows Azure并列的。

AppFabric主要提供了服务总线（Service Bus）和访问控制服务（Access Control）两项功能，服务总线用于为应用程序提供通信服务，而访问控制服务用于实现认证授权等功能。

7.5 IBM

IBM公司在大型机时代就确立了其在计算机行业中的巨人地位，经过这么多年的发展，它在服务器、存储、管理软件、中间件和应用软件等各个领域都积累了雄厚的产品资源，面对云计算的挑战，IBM公司对其产品线进行了整合，可以说它拥有目前业界最为全面的云计算产品线支持。

图7-11是目前IBM对外发布的云计算产品线布局，可以看出它是按照IaaS、PaaS、SaaS和服务管理四大部分来进行划分的。

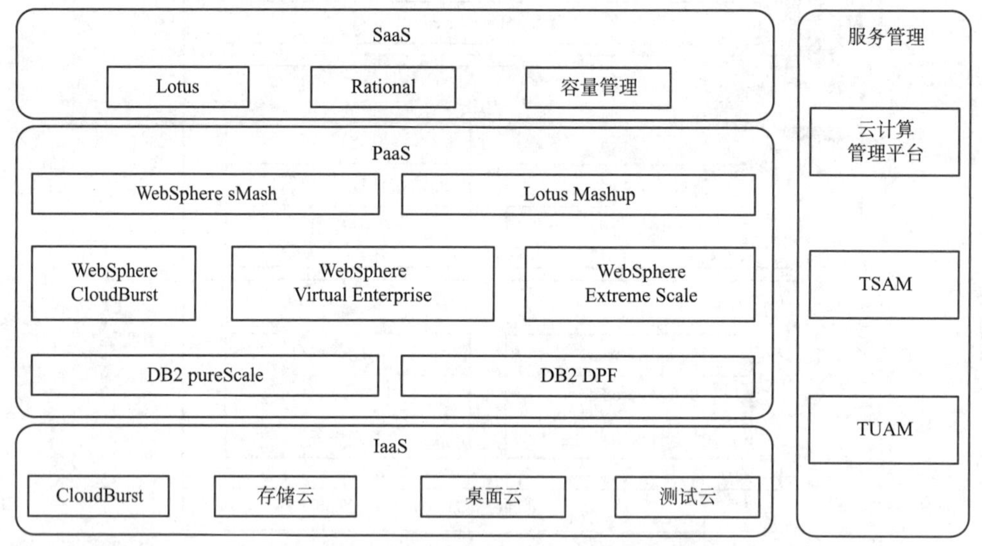

图7-11　IBM公司云计算产品布局

在IaaS层面，IBM公司提供了比较完整的基础架构云计算解决方案，包括存储虚拟化产品、桌面虚拟化产品、服务器虚拟化产品等。例如，SVC（SAN Volume Controller）产品提供了SAN存储虚拟化功能，PowerVM产品提供了服务器虚拟化功能，CloudBurst则是一款软硬件打包的综合产品，它内置了IaaS必需的软硬件，从而可以快速部署云服务。

IBM公司在计算环境搭建方面有WebSphere应用服务器，在数据存储方面有DB2数据库，这两大产品在云计算时代又有了一系列的衍生变化，从而为用户提供更多的云服务选择。

例如，WebSphere Virtual Enterprise产品在中间件实现虚拟化，为应用提供SLA保证，可同时托管多个J2EE应用并保证动态的扩展性。又例如，DB2 pureScale产品采用了新型数据库集群技术，可以支持多节点对同一数据的并行访问，可以在不修改应用或数据库调优的情况下通过动态扩展系统资源提升系统性能。

IBM公司在SaaS层面主要面对企业用户，包括电子商务云、Rational云端解决方案和LotusLive解决方案。

LotusLive是IBM公司在SaaS层面云计算产品的典型代表，它包括会议服务、办公协作服务和电子邮件服务等一系列通过Web方式实现的云服务。其中LotusLive Meetings是一个整合了语音和视频的在线会议服务，LotusLive Events是一个在线事件管理和网络会议服务，LotusLive Engage是一个综合社交网络模式的协作服务，LotusLive Connections 则提供了集成的社交网络协作服务，LotusLive Notes和LotusLive iNotes分别是基于客户端和基于Web的电子邮件服务，LotusLive Moible则是一款针对手机平台的协作服务产品。

IBM公司在云计算的管理方面主要提供了两款产品：TUAM（Tivoli Usage and Accounting Manager）和TSAM（Tivoli Service Automation Manager）。除此之外，IBM 还可以提供定制化的云计算管理平台。

TUAM是一款资源使用统计及计费软件，可以在云计算环境下对每个用户所使用的资源进行统计并依次计费。TSAM是一款在云计算环境中实现服务流程化管理的软件，具有请求、发布和管理等一系列功能，能够帮助用户构建和管理动态的数据中心。

早在2007年，IBM公司就发布了蓝云（Blue Cloud）计划，推出面向企业的云计算解决方案。2009年，IBM公司进一步扩展丰富了蓝云计划，推出了“6+1解决方案”。如图7-12所示，所谓“6+1”是指6种典型应用场景和1个能够快速部署的云计算环境。

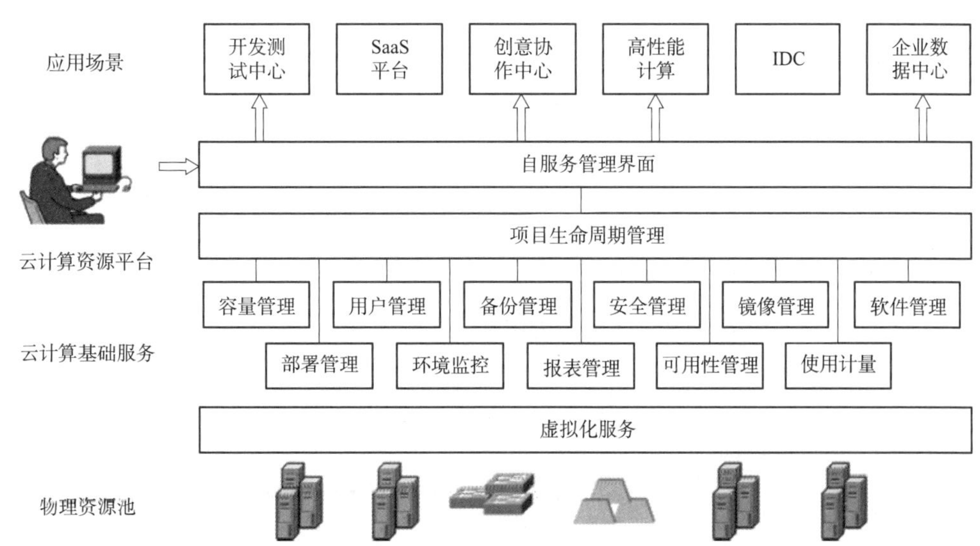

图7-12　IBM公司蓝云计划：6+1解决方案

这里的6包括软件测试开发云、SaaS云、创新协作云、高性能计算云、云计算IDC和企业数据中心云，这里的1就是指CloudBurst。

7.6 阿里巴巴

ACE（Aliyun Cloud Engine）是阿里巴巴公司开发的一个基于云计算基础架构的网络应用程序托管环境，帮助应用开发者简化网络应用程序的构建和维护，并可根据应用访问量和数据存储的增长进行扩展。ACE支持PHP、Node.JS语言编写的应用程序；支持在线创建MYSQL远程数据库应用。

Cloud Engine（云引擎，CE），是阿里云历经多年研发，于今年7月推出的一款基于弹性计算平台的Web应用运行环境，能够提供应用的线性伸缩、动态扩容以及多种相关服务。

Cloud Engine借鉴并吸纳Google、Amazon、Rackspace等国外知名公司公有云计算的成功技术经验，结合阿里云多年的技术研发沉淀，保证了该平台的高效和稳定。目前支持PHP和NodeJS两种开发语言，后续会支持更多的开发语言。围绕这个平台，我们也提供了session、storage、memcache、cron等多种服务，让开发者可以更多地关注在业务开发上，降低开发者的开发成本，其整体架构的高可靠性。模板功能的提供，可以有效地衔接开发者和站长，让开发者的成果可以更加有效地传播，同时站长也有更加灵活、丰富的应用可以运营。

Cloud App是阿里云手机开发平台，Cloud Engine作为阿里云手机在云端的延伸，为云手机开发者提供NodeJS运行环境和伸缩性的支持，让开发者有效地衔接手机和云端的开发，简化开发流程。

1. 竞争力

Cloud Engine的目标用户有两种，分别是Web开发者和站长。使用Cloud Engine，可以让用户：

① 无须硬件的投资，降低投入风险。

② 内置丰富的服务，包括session，memcache，storage，cron，云数据库，应用管理和配置，覆盖了Web开发的大部分领域。

③ 高效稳定的运行环境，兼容大部分原生的PHP 5.3程序，弹性伸缩，不用再当心访问量过大。

④ 高效安全的云存储服务，不用当心数据会丢失。

⑤ 经验丰富的阿里运维和安全团队，协助解决网络攻击，网站挂马，漏洞扫描，代码行为分析等，并对服务异常进行告警。

⑥ 开发人员可以将自己的应用做成模板，发布其应用给其他人使用，站长可以从模板库中在线创建应用，即可进行自己的网站运营。

另外，ISV厂商可以在自己的系统中集成OpenAPI，允许管理和发布用户创建的应用。

2. 应用程序环境

Cloud Engine可以保证用户在负载很重和数据量极大的情况下，也可以轻松构建能安全运行的应用程序。

① 自动扩容，用户可以根据自身需求，申请存储、缓存等容量。

② 动态的网络服务，提供对常用网络技术的完全支持。

③ 持久存储空间，存储用户需要的落地的数据。

④ 负载平衡，选择当前较空闲的机器，执行任务。

⑤ 与本地开发环境兼容，方便开发者移植代码到CE运行环境。

⑥ 分布式定时计算，提供定时和定期触发事件的计划任务。

用户的应用程序可在以下两个运行时环境之一中运行：NodeJS 环境和 PHP 环境。各环境均为网络应用程序开发提供标准协议和常用技术。用户的应用程序使用NodeJS和PHP的标准API来访问大多数CE服务。

3. 云引擎、虚拟主机、VPS的区别

它们的区别，如表7-2所示。传统服务托管面向的是硬件软件设备，使用者得到的也是设备的使用权，没有相关的服务；而Cloud Engine面向的服务，使用者得到的是稳定可靠的全面服务，同时分布式的平台保证了数据的安全性和访问的快速性。

表 7–2　云引擎、虚拟主机、VPS 对比表

比较项	云引擎	虚拟主机	VPS
用户群	Web 开发者和站长	站长	没有限定
使用方式	服务租用	服务租用	虚拟设备租用
运行环境	支持多种开发语言	支持较少开发语言	需要自己安装
目标	开发者和站长的整体服务	展示性的网站	仅提供最基本的设施
安全保证	沙箱 + 专业的安全团队	根据服务商来定	根据用户能力来定
服务承诺	稳定可靠安全的服务承诺	根据服务商来定	根据服务商来定

4. 产品详情

（1）支持多种Web运行环境

ACE目前支持PHP运行环境和NodeJS运行环境，后续会支持更多的开发语言。

（2）丰富的附加服务

提供了分布式session，分布式memcache，开放存储，消息队列，计划任务等多种服务，让开发者可以更多地关注在业务开发上，降低开发者的开发成本，其整体架构的高可靠性。

（3）弹性伸缩、按需计费

自动弹性伸缩，无须人工干预运维，根据实际使用量计费。

（4）通过应用模板快速部署应用

系统自带常见应用模板。开发人员可以将自己的应用做成模板，发布其应用给其他人使用；站长可以从模板库中在线创建应用，即可进行自己的网站运营。

（5）良好的易用性

兼容原生API，调试信息输出，可以方便地进行应用管理和配置。

7.7 新　　浪

Sina App Engine（SAE）是新浪研发中心于2009年8月开始内部开发，并在2009年11月3日正式推出第一个Alpha版本的国内首个公有云计算平台，SAE是新浪云计算战略的核心组成部分。

SAE作为国内的公有云计算，从开发伊始借鉴吸纳Google、Amazon等国外公司的公有云计算的成功技术经验，并很快推出不同于他们的具有自身特色的云计算平台。SAE选择在国内流行最广的Web开发语言PHP作为首选的支持语言，Web开发者可以在Linux/Mac/Windows上通过SVN或者Web版在线代码编辑器进行开发、部署、调试，团队开发时还可以进行成员协作，不同的角色将对代码、项目拥有不同的权限；SAE提供了一系列分布式计算、存储服务供开发者使用，包括分布式文件存储、分布式数据库集群、分布式缓存、分布式定时服务等，这些服务将大大降低开发者的开发成本。同时又由于SAE整体架构的高可靠性和新浪的品牌保证，大大降低了开发者的运营风险。另外，作为典型的云计算，SAE采用“所付即所用，所付仅所用”的计费理念，通过日志和统计中心精确地计算每个应用的资源消耗（包括CPU、内存、磁盘等）。

总之，SAE就是简单高效的分布式Web服务开发、运行平台。

1. SAE的核心优势

SAE的基本目标用户有两种：一种是Web开发者，另一种是普通互联网上网人群。

对于Web开发者，SAE带来的好处有：

① 硬件成本更低，无须预先购买设备，承担更大的投入风险。

② 开发成本更低，SAE提供许多服务供开发者使用，开发者无须重复开发，包括队列、数据库、缓存、定时、验证码、计数器，几乎覆盖了Web开发的所有领域。另外对于特定开放平台的开发者，如新浪微博开发者，SAE已经集成了完整的OpenAPI的封装，将开发者的开发成本降到最低。值得一提的是，SAE的开发者目前已经形成了良好的交流氛围，在意见反馈中心、SAE官方群，SAE官方微群可以看到很多热情的开发者在一起共同交流。

③ 运维成本更低，在SAE上的应用无须关心硬件维护、服务监控、数据容灾等操作，SAE会通过其高可靠的架构和方便的监控页面为用户将运维成本降到最低，扩展性更强，在SAE上的服务无须关心服务压力猛增时带来的扩容等操作，SAE自动支持服务扩展。

④ 更加安全可靠，SAE自动提供SQL语句性能分析、前端防攻击、代码检查等功能，在SAE上的所有应用均为多机房容灾部署，比传统的部署模式更加安全可靠，并且SAE提供服务的SLA来实现对用户服务质量的承诺。

对于普通上网人群，使用SAE可以：使用推荐应用一键安装Web应用，普通用户无须会编码，也可以在瞬间拥有自己的团购、博客、微博、Wiki等。

2. SAE整体架构

SAE在架构上采用分层设计，从上往下分别为反向代理层、路由逻辑层、Web计算服务池。而从Web计算服务层延伸出SAE附属的分布式计算型服务和分布式存储型服务，具体又分成同步计算型服务、异步计算型服务、持久化存储服务、非持久化存储服务。各种服务统一向日志和统计中心汇报，如图 7-13 所示。

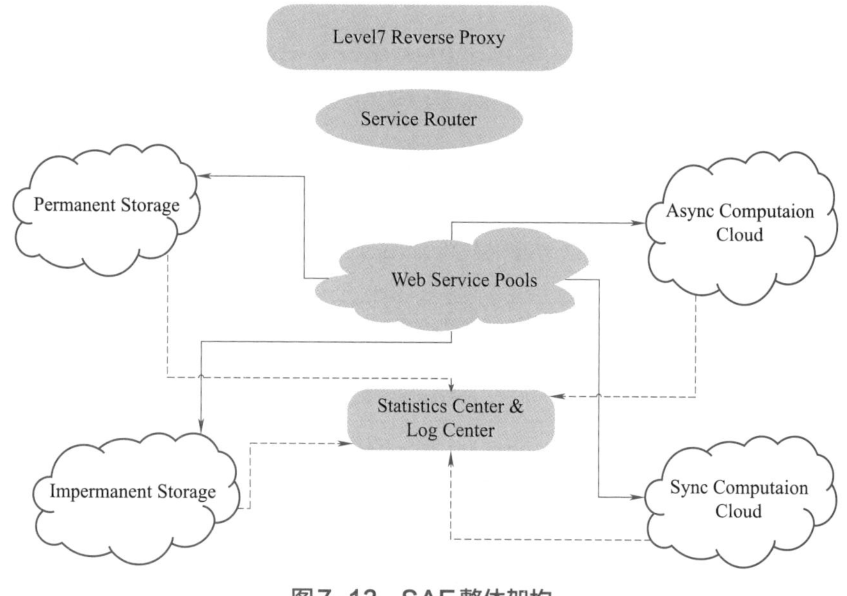

图7-13　SAE整体架构

7层反向代理层：HTTP反向代理，在最外层，负责响应用户的HTTP请求，分析请求，并转发到后端的Web服务池上，并提供负载均衡、健康检查等功能。

服务路由层：逻辑层，负责根据请求的唯一标识，快速地映射（O(1)时间复杂度）到相应的Web服务池，并映射到相应的硬件路径。如果发现映射关系不存在或者错误，则给出相应的错误提示。该层对用户隐藏了很多具体地址信息，使开发者无须关心服务的内部实际分配情况。

Web服务池：由一些不同特性的Web服务池组成。每个Web服务池实际是由一组Apache(PHP)组成的，这些池按照不同的SLA提供不同级别的服务。每个Web服务进程实际处理用户的HTTP请求，进程运行在HTTP服务沙盒内，同时还内嵌同样运行在SAE沙盒内的PHP解析引擎。用户的代码最终通过接口调用各种服务。

日志和统计中心：负责对用户所使用的所有服务进行统计和资源计费，并设定分钟配额，来判定是否有非正常的使用。分钟配额描述了资源消耗的速度，当资源消耗的速度到达一个预警阈值时，SAE通知系统会提前向用户发出一个警告，提醒用户应用在某个服务上的使用可能存在问题，需要介入关注或处理，配额系统是SAE用来保证整个平台稳定的措施之一；日志中心负责将用户所有服务的日志汇总并备份，并提供检索查询服务。

各种分布式服务：SAE提供几乎可以覆盖Web应用开发所有方面的多种服务，用户可以通过StdLib（可以理解为SAE PHP版的STL）很方便地调用它们。

3. SAE提供的服务

SAE目前已经提供了十多种服务，整体上分为计算型和存储型，计算型又包括同步计算和异步计算，而存储型则分为持久化存储和非持久化存储，如表7-3所示。

表 7-3　SAE 服务列表

服务名称	类　型	说　明
HTTP+PHP	同步计算	带SAE沙盒的Apache和Zend为用户提供Web计算服务
Storage	持久化存储	提供分布式文件存储
Memcache	非持久化存储	提供分布式缓存服务
RDC	持久化存储	分布式数据库集群，提供MySQL服务
TaskQueue	异步计算	异步离线轻量级任务队列，HTTP方式调用
DeferredJob	异步计算	异步离线重量级任务队列，系统方式调用
Counter	持久化存储	计数器服务
RankDB	持久化存储	分布式排行榜服务
KVDB	持久化存储	分布式key/value存储服务
Cron	异步计算	分布式定时服务
FetchURL	同步计算	分布式抓取服务
TmpFS	非持久化存储	提供临时文件存储，文件生命周期在一个会话内，HTTP请求结束文件自动消失
AppConfig	web配置服务	提供应用配置功能，取代Apache htaccess
Mail	异步计算	邮件发送服务
Image	同步计算	图像处理服务
XHProf	同步计算	Facebook提供强大的PHP调优工具
SVN	持久存储	用户代码部署的入口点:https://svn.sinaapp.com/yourapp
Online CodeEditor	持久存储	在线代码编辑器，编辑的代码保存后自动入SVN并部署到Web服务器

7.8　百　度

百度与盛大

2016年，百度正式对外发布了“云计算+大数据+人工智能”三位一体的云计算战略。百度云推出了40余款高性能云计算产品，天算、天像、天工三大智能平台，分别提供智能大数据、智能多媒体、智能物联网服务。为社会各个行业提供最安全、高性能、智能的计算和数据处理服务，让智能的云计算成为社会发展的新引擎。百度云平台 BCE（Baidu Cloud Environment）是百度开放其基础能力，为开发者提供的基于“云”的服务的统称，包括云环境、云服务、集成开发环境、移动测试以及移动建站工具等，未来还会加大对移动应用开发的支持，如图7-14所示。

1. 云环境

百度云环境，提供多语言、弹性的服务端运行环境，能帮助开发者快速开发并部署应用。云环境内置丰富的分布式计算API，并支持全方位的百度“云”服务，更能为用户的应用带来强大动力，从“本地”变“分布式”，简单可依赖。开发语言：Java、Python，同时 Node.js 开放内测。

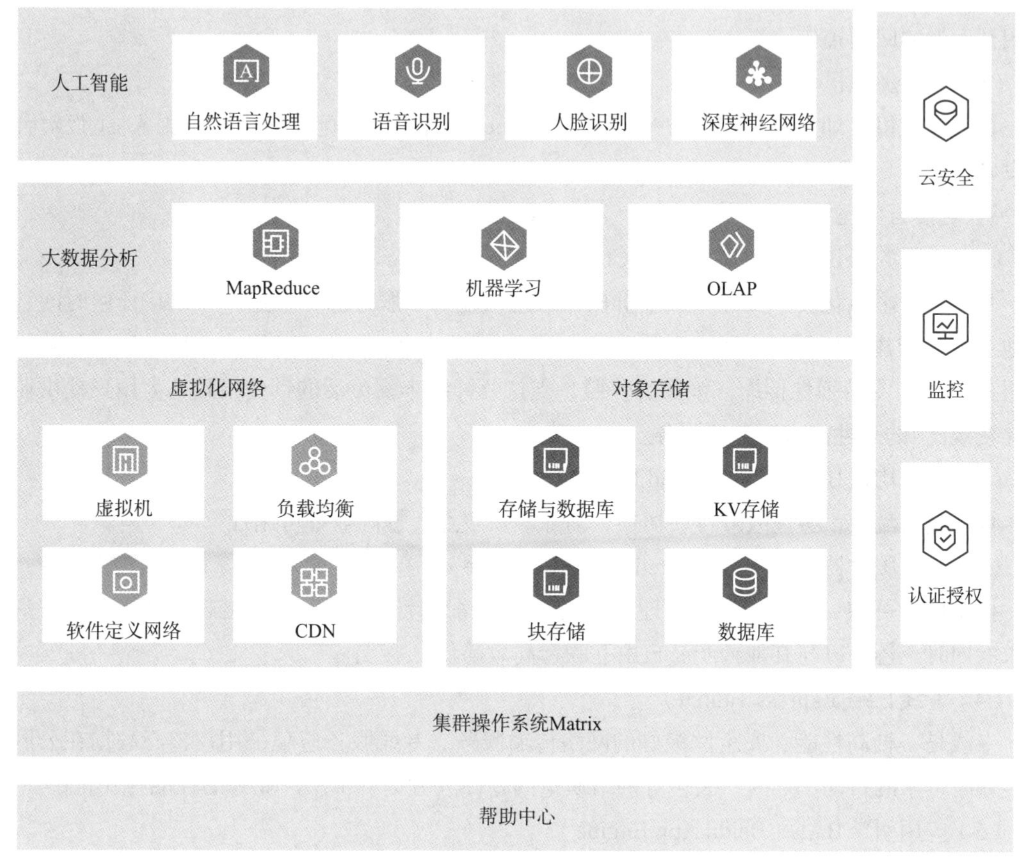

图7-14 百度云的整体系统架构图

2. 云服务

（1）百度云数据库

百度云数据库，提供基于MySQL的关系数据库服务。

（2）百度云存储

百度云存储，即BCS（Baidu Cloud Storage），提供File-Like的开放存储服务，开发者可以在任何时间、任何地点存储任何类型的数据。

（3）百度云消息

百度云消息，即BCM（Baidu Cloud Messaging），提供消息队列、短消息、电子邮件发送等服务。

（4）百度云推送

百度云推送（简称Channel）服务为开发者提供了向浏览器、手机和PC客户端推送消息的服务。

（5）百度云触发

百度云触发（简称Trigger）服务为开发者提供了“数据变更→动作”的触发机制，开发者可以通过使用云触发服务来订阅需要关注的资源，当资源数据发生变化时，服务系统就会自动调用开发者的回调接口。

（6）百度虚拟机

百度虚拟机，即BVM（Baidu Virtual Machine），提供多种配置的虚拟机服务。（仅对合作开发者开放）

3. 百度云的主要产品

（1）云服务器BCC（Baidu Cloud Compute）

基于百度虚拟化技术及分布式集群操作系统构建的云服务器，让用户可以在任何时间、任何地点轻松构建包括网站站点、移动应用、在线游戏、企业级服务等在内的任何应用与服务。云服务器BCC支持弹性伸缩、镜像、快照，支持分钟级丰富灵活的计费模式，为用户提供业界最佳费效比①的高性能云服务器服务。

（2）负载均衡BLB（Baidu Load Balance）

均衡应用流量，实现故障自动切换，消除故障节点，提高业务可用性。

（3）专属服务器DCC（Dedicated Cloud Compute）

提供性能可控、资源独享、物理资源隔离的专属云计算服务；在满足超高性能及独占资源需求的同时，还可以与其他云产品自由互联，高效易用。

（4）专线ET（Express Tunnel）

专线是一种高性能、安全性极好的网络传输服务。专线服务避免了用户核心数据在公网线路传输时带来的抖动、延时、丢包等网络质量问题，大大提升了用户业务的性能与安全性。

（5）应用引擎BAE（Baidu App Engine）

提供弹性、便捷的应用部署服务，适于部署App、公众号后台，以及电商、O2O、企业门户、博客、论坛、游戏等各种应用，极大简化运维工作。

7.9 盛　　大

1. 盛大云Grand Cloud引擎功能概述

盛大云引擎是基于盛大云计算基础设施服务的Web应用托管平台，旨在降低应用的部署与运维成本，让应用开发者可以专心于业务的开发设计，不再担心后台的构建与运维。云引擎支持PHP、Ruby、Java、Python等语言编写的Web应用，后端提供丰富的数据存储服务，并根据应用访问量和业务规模进行弹性扩展。云引擎目前为Beta版本，各项功能不断上线。

2. 产品特点

① 零运维成本：只需上传代码，无须手工操作，即可完成代码部署。同时，提供访问统计与运行资源监控，应用状况尽在掌控。

① 费效比，一般指指投资回报率。它可以用来衡量营销活动的效果，是很直观的一个指标。通常将投资的费用与系统的效能之比称为费效比。

② 多语言支持：应用管理基于CloudFoundry。用户可以提交PHP、Ruby、Java、Python等语言开发的Web程序。

③ 弹性扩展：按访问量自动增加运行实例，并提供访问负载均衡。

④ 数据可靠：系统使用盛大云的云硬盘与云数据库等服务，确保数据的高可靠性。

⑤ 应用仓库：用户可以从应用仓库中选择并快速部署应用，简化开发任务。同时，鼓励开发人员提交应用，与所有用户分享。

3. 产品功能

① 云端运行：用户提交代码后，其应用程序运行在云主机中，数据存储在各种云端数据服务中，省去了常规的部署与运维操作。

② 负载均衡：云引擎自动调整执行应用的虚拟机数目。HTTP请求在各个运行实例间轮转服务，实现动态的负载均衡。

③ 开发语言：提供MySQL、PostgreSQL、MongoDB等多种数据库服务。基于云数据库技术，内置多副本存储，保证高可靠。

④ 数据库服务：提供MySQL、PostgreSQL、MongoDB等多种数据库服务。

⑤ 文件系统服务：提供一致共享、多副本持久的文件系统服务，供需要文件存储的应用使用。

⑥ 分布式缓存服务：提供兼容Memcached协议并且动态可扩展的分布式缓存系统服务。

⑦ 统计与监控：在网页控制台上以图表形式来展现应用的访问统计及资源占用信息。

4. 数据中心

目前云引擎部署在盛大云的华北节点。华北节点是BGP线路，包括电信、联通、移动、教育网、铁通。

7.10　实 践 任 务

① CVM 官网，在浏览器中输入https://clouD.tencent.com/ CVM的官网网址。

② 打开后单击左上角的腾讯云 LOGO 进入首页，如图7-15所示，单击进入免费体验馆。

图7-15　腾讯云首页

③ 现在可以看到云服务器 CVM 入门级了，如图7-16所示，点击“免费体验”按钮进入，选择配置，如图7-17所示。

图7-16　选择云产品

图7-17 选择免费体验

④ 选择个人用户，地域可选择上海、广州、北京，可根据个人情况选择；操作系统一般使用 CentOS 和 Windows，如图7-18所示。

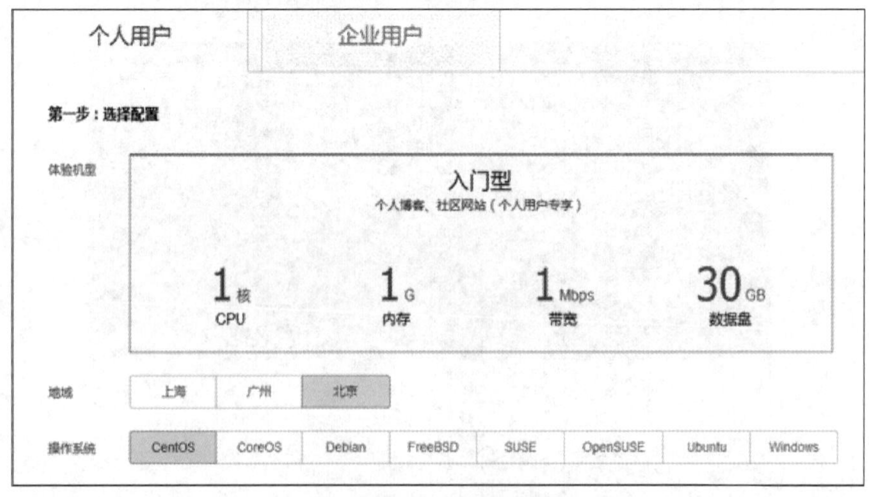

图7-18　选择地域

⑤ 免费体验馆里的免费活动都需要个人实名认证的，根据提示一步步的操作即可完成，实名认证如图 7-19 所示。

图7-19　实名认证

⑥ 申请成功如图 7-20 所示，有效期至 4 月 16 日，同时会发送信息到注册邮箱和手机，还会额外送一张 10 元代金券，可用于新购或续费云服务器，有效期 1 个月。新购或续费云服务器将额外获得 7 天体验时长。

图7-20　开题成功

⑦ 随后注册邮箱会收到一封带有服务器信息的邮件，包括 root 账号、密码和 IP 地址等如图 7-21 所示。

尊敬的用户，

您新购买的云服务器(共1台)已分配成功（订单号：2017 17 7785），感谢您对腾讯云的支持！
服务器操作系统为 CentOS 7.0 64位 ，默认账户为 root ，初始密码为 3k d57 Up

服务器名称	云主机ID	所在网络ID	内网IP	公网IP
u67 54 5 40d	ins-i0 0fd	基础网络	10.141.	123.207.

图7-21　云服务器信息

到此为止，获取腾讯云服务器 CVM 免费 15 天使用的教程就结束了，我们也成功拿到了服务器的相关信息，最后到你的云主机 - 控制台里面就能找到新开的免费主机了（见图 7-22），后面就是配置网站环境和搭建网站了。

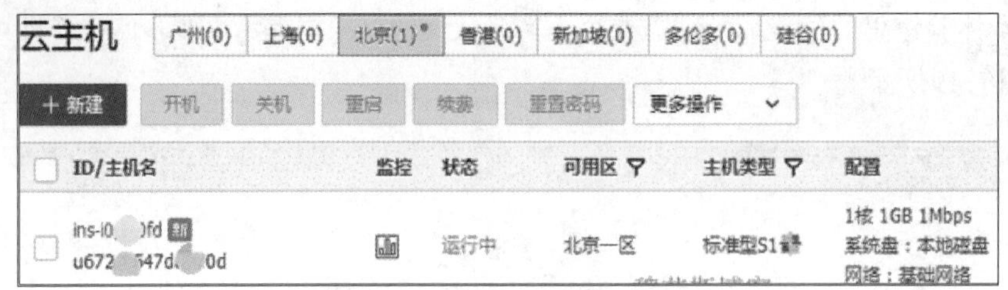

图7-22 云服务器运行状态

小　结

Google公司的云计算产品主要包括GAE和Google Apps。其中云计算平台GAE分为基础设施和应用两个层面，基础设施层面的核心是GFS、BigTable和MapReduce，应用层面可以划分为运行环境、数据存储和系统服务三部分。

在IaaS层面，微软公司提供了两款服务器虚拟化软件Virtual Server和 Hyper-V；在PaaS层面，微软公司提供了重量级云计算平台Windows Azure Platform；在SaaS层面，微软公司提供了以Live解决方案为核心的面向个人用户的软件服务和包括Office365和Dynamics CRM在内的面向企业用户的软件服务。Windows Azure Platform可以划分为Windows Azure、SQL Azure和Windows Azure Platform AppFabric三大组成部分。

在IaaS层面，IBM公司提供了比较完整的基础架构云计算解决方案，包括存储虚拟化产品、桌面虚拟化产品、服务器虚拟化产品等；在PaaS层面，IBM公司以WebSphere和DB2为基础衍生了一系列云计算产品；IBM公司在SaaS层面主要面对企业用户，包括电子商务云、Rational云端解决方案和LotusLive解决方案。此外，IBM公司还专门推出了以蓝云计划为基础的“6+1”解决方案。

Amazon的云计算产品总称为AWS，它提供了一个高度可靠和可扩展的基础架构，包括了计算、存储、内容分发等多项内容。其中最为著名的、应用最为广泛的要算是其中的计算服务EC2、存储服务S3、数据库服务SimpleDB和消息队列服务SQS。

EMC公司在云计算方面主要有Atmos云存储平台和VMware虚拟化软件两大系列产品。其中VMware产品系列主要包括针对数据中心的虚拟化解决方案vSphere、云计算安全解决方案vShield，云计算管理工具vCenter和vCloud Director以及桌面虚拟化产品View。

习　题

一、选择题

1. GAE 平台支持（　　）程序设计语言。

   A. Java　　B. Python　　C. Go!　　D. Lisp

2. Windows Azure Platform 包括（　　）部分。

   A. Windows Azure

B. SQL Azure

C. Fabric Controller

D. Windows Azure Platform AppFabric

3. 以下属于Amazon公司云计算产品的是（　　）。

A. EC2　　B. S3　　C. SimpleDB　　D. SQS

4. 以下属于EMC公司云计算产品的是（　　）。

A. vSphere　　B. vShield　　C. Atmos　　D. Xen

二、填空题

1. 如今，Amazon Web Services在云中提供高度可靠、可扩展、低成本的基础设施平台，让各行各业的客户都能获得以下优势：__________、__________、__________、__________。

2. Google的云计算产品可以划分为三个层次，最底层是__________、中间层是__________、最上层是__________。

3. Windows Azure是Windows Azure Platform其中一部分，可进一步划分为三个组成部分，包括__________、__________和__________。

4. 每个Windows Azure中的应用程序都是运行在计算环境的虚拟机之上的，可以分为__________和__________两种类型。

5. 大型的二进制Blob对象可用来__________。

6. 作为典型的云计算，SAE采用__________的计费理念，通过日志和统计中心精确地计算每个应用的资源消耗（包括CPU、内存、磁盘等）。

三、简答题

1. 请简述Google公司的云计算产品组成。

2. 请简述微软公司的云计算产品组成。

3. 请简述IBM公司云计算产品布局。

4. 请简述IBM公司的“6+1”解决方案。

5. 请简述Oracle公司的云计算解决方案。

6. 请简述SAE的核心优势。

第8章 云计算的应用与未来

云计算发展到今天，应用领域越来越宽泛，在各行各业涌现出许多的创新应用，包括云存储、云安全、云服务等。

8.1 云计算应用概述

如图8-1所示，著名咨询公司Gartner在其最近发布的2010年度新兴技术成熟度报告中，指出云计算技术已经进入过热期。

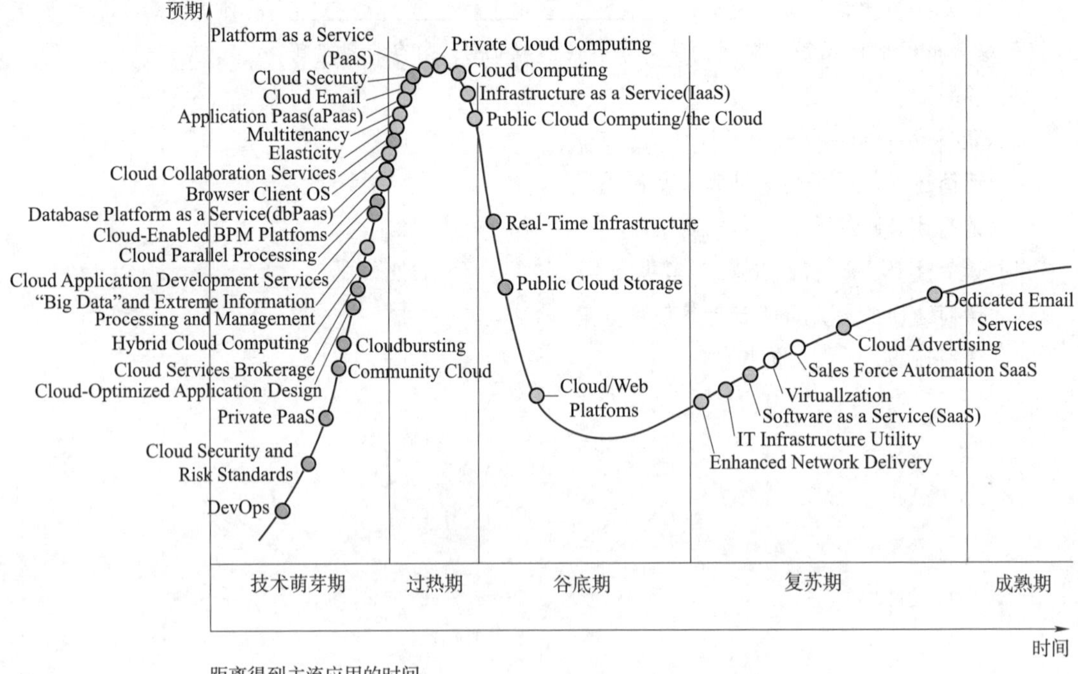

图8-1 Gartner 2011年新兴技术成熟度报告

Gartner 自 1995 年起每年都会采用技术成熟度曲线图来表示每一项创新技术从提出到最终广泛应用的过程，来指导各组织在最佳的时间和地点采用这些技术，从而实现影响力和价值的最大化。Gartner 将每个新技术的发展过程划分为 5 个阶段，包括技术萌芽期（Technology Trigger）、过热期（Peak of Inflated Expectations）、谷底期（Trough of Disillusionment）、复苏期（Slope of Enlightenment）和成熟期（Plateau of productivity）。

在技术萌芽期，新技术在基础理论研究层面得到触发和突破，并有对应产品或相关项目大量快速出现；在过热期，客户对新技术产品的期望膨胀到巅峰；在谷底期，由于技术没有达到人们的预想，很快就变得不再流行，公众的兴趣也大幅下降；在复苏期，随着新技术在产业应用中的逐渐成功，产业技术的研究热潮使得该项技术的受关注程度再次增加，并将其带入一个持续发展的爬坡阶段；进入成熟期后，技术研究进入稳定应用期。

我们可以看到，在 Gartner 的成熟曲线中，虚拟化和 SaaS 技术已经率先进入复苏期，云存储和云平台技术也已经进入谷底期，而云计算、IaaS、公有云、私有云和 PaaS 等技术还处于过热周期之中。

公有云和私有云的区别实际上涉及如何对云计算进行分类，例如，我们前面介绍过从系统架构角度可以将云计算划分为 IaaS、PaaS 和 SaaS，这里我们再从部署模式和服务类型角度介绍两种分类方法。

根据用户范围的不同，可以把云计算按照部署模式划分为公有云和私有云两种类型，如图 8-2 所示。

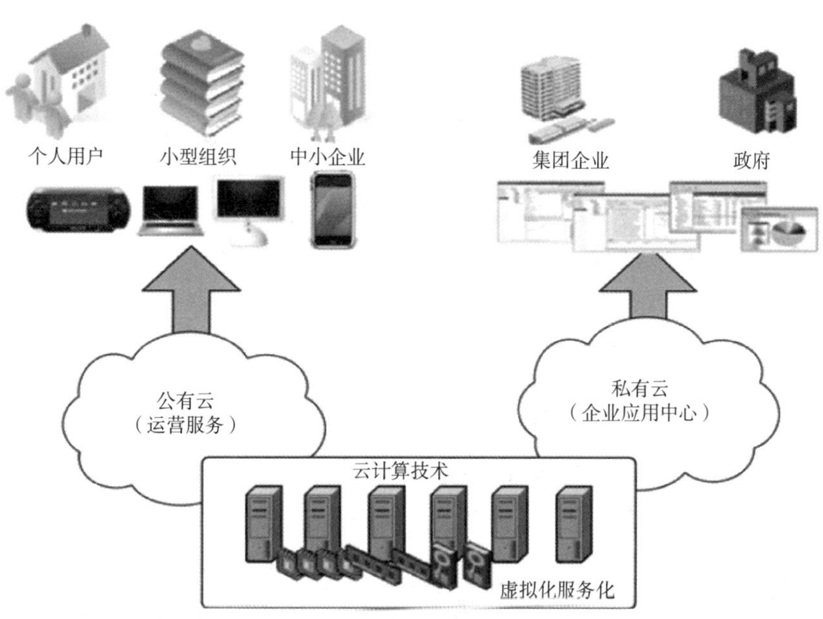

图 8-2　公有云和私有云

所谓公有云，一般指企业通过自己的基础设施直接向外部用户提供服务。外部用户通过互联网访问服务，并不拥有云计算资源。例如，我们前面介绍的 GAE、Windows Azure Platform 和 AWS 等都属于公有云的应用范畴。

所谓私有云，一般指某个企业独自构建和使用的云计算环境和服务。此时，企业建立的云服务仅供自己使用，其他外部用户无法使用。

除此之外，在实际应用中还产生了一些衍生的云计算形态，例如，混合云和社区云。

所谓混合云，是指用户在使用云计算服务时，既使用了公有云服务，又使用了私有云服务。例如，企业用户使用了AWS的EC2服务，同时又将关键数据保存到了自己的服务器上，而没有使用AWS的SimpleDB数据库服务。

所谓社区云，是指其用户范围既不局限于企业内部，也不是完全公开面向所有用户，而是介于两者之间，例如，某个育婴协会的会员或者某个软件园区的所有企业。

美国资讯网站InfoWorld资深编辑Eric Knorr在*What cloud computing really means*一文中提出，从服务类型角度可以将云计算划分为SaaS、效用计算、Web Service、PaaS、管理服务提供商（MSP，Managed Service Provider）、商业服务平台和云计算整合7种类型。这一分类方法可能不一定全面，但是在业界得到了广泛的认同。其中SaaS、效用计算、WebService和PaaS前面已经详细介绍过了，这里着重介绍其他3种云计算服务类型。

MSP是云计算最古老的形式之一，它面向的是IT管理人员而不是最终用户，例如，用于电子邮件的病毒扫描服务、应用软件监控服务等。

商业服务平台可以看作是MSP和SaaS的融合，它为用户提供了一种交互性服务平台，例如，通过网络平台提供旅行或秘书服务。

云计算整合的含义是将多种云计算服务整合在一起，为用户提供整体的服务方案，这项工作目前还处于起步阶段。

8.2 云计算在公共服务领域的应用

2009年5月，美国政府宣布实施《开放政府计划》(*Open Government Initiative*)，提出利用开放的网络平台，公开政府信息、工作流程和决策过程，推动政府管理向开放、协同、合作方向发展。之后开通了“一站式”政府数据下载网站DatA.gov，只要不涉及隐私和国家安全的相关数据，均需在该网站公开发布。DatA.gov尽可能以原始数据的形式向公众免费开放，其范围涵盖了美国的人口特征统计数据、地理信息、环保、教育、能源、地域、健康和法令等相关主题的政府信息。同时，DatA.gov还提供各种数据分析工具、数据摘录和抽取工具以及常用的电子数据文件格式转换工具，用户可以将原始数据转换成常用的电子数据文件格式。

2009年9月，美国政府启动了云服务门户网站Apps.gov，展示并提供得到政府认可的云计算应用，如图8-3所示。该网站列出的基于云计算的软件包括商务应用、IaaS基础设施云服务、办公应用和社交媒体软件等，这一举措旨在推动政府机构接受云计算的理念。

2010年12月，美国白宫宣布，计划通过整合联邦政府数据中心和应用程序以及采用所谓的“云计算优先”政策来重组政府IT架构，并呼吁在2015年之前将政府的2 100个数据中心至少削减掉800个，同时还要求各级政府将部分工作转移到商用、个人以及政府用云计算系统上。

图8-3　Apps.gov 网站

美国政府对云计算的重视，直接导致美国云计算市场升温，众多云计算服务商加入了争夺政府采购订单的行列。2010 年12 月，微软公司获得了美国政府有史以来最大的一份云计算软件供应合同，其内容是向美国农业部提供基于互联网的电子邮件及其他服务。同期，Google公司也宣布在一个政府采购项目中击败微软公司，赢得了一份价值670万美元的合同，为美国总务管理局处理电子邮件业务。

我国目前在云计算方面进展如何呢?

1. 云迹科技获OTA平台携程战略投资，加速酒店智能化布局

2019年1月3日，云迹科技宣布,获OTA平台携程战略投资，双方将共同推进酒店智能化服务，为客户创造更多的价值。此次投资引入表明了云迹科技将以酒店场景为基础，为客户打造完整的智能化服务体验，从而推动自身高速发展。

2. 阿里云发布分布式语音2.0，将实现多种物联网设备语音识别能力

2019年1月15日，在北京举办的2019阿里云数字地产峰会上，阿里云发布分布式语音解决方案2.0，赋能硬件合作伙伴，以语音能力为智能空间带来全新交互体验。据了解，此次发布的分布式语音交互解决方案包括前端声学模组、阿里云IoT智能人居平台、语音自学习平台、对话平台，可实现上下游平台串联、端云一体能力打通，并以标准化能力输出，帮助厂家快速应用，缩短开发周期。

3. 京东云发布《京东云智能城市白皮书（2019）》，开启“智能城市合伙人”模式

2019年1月中旬，京东云发布《京东云智能城市白皮书(2019)》，宣布开启“智能城市合伙

人”模式。通过《京东云智能城市白皮书(2019)》，京东云向外界展示了对于智能城市的认知与解读、智能城市建设策略及路径，通过分享京东云智能化解决方案在城市中的典型应用，展现了未来智能城市的美好蓝图。

4. 阿里云发布机器学习平台PAI v3.0

2019年3月21日，阿里云发布机器学习平台PAI v3.0，PAI为传统机器学习提供上百种算法和大规模分布式计算的服务，支持新的深度学习开源框架，也支持AutoML自动调参等。新平台新增增强学习，可提供实时和离线一体化训练，训练效率可提升四倍。

5. 百度智能云推14款ABC新产品

2019年4月11日，在2019 ABC INSPIRE百度云智峰会上，百度副总裁、百度智能云总经理尹世明宣布，“百度云”品牌升级为“百度智能云”，并发布了14款ABC新产品，升级百度智能视频平台和三大视频行业解决方案。据了解，百度智能云在大会上发布的14款ABC新产品，涉及数据库、主机、计算、网络、存储、安全等。

6. 华为云城市峰会2019盛大举行

2019年5月9日，“杭州选择不凡 华为云城市峰会2019”在杭州举行。本届大会结合杭州产业发展特色，聚焦新金融、互联网和软件开发等行业。会上，华为公司副总裁、云BU总裁郑叶来发表了题为《以行践言，共建数字浙江》的主题演讲。

郑叶来指出，目前云计算处于Cloud 2.0时代，越来越多的企业核心业务系统将上云，云计算将成为企业的数字化底座。企业上云不仅要考虑计算，还要考虑人工智能、联接、IoT、5G、芯片、消费终端、生态等多种因素。因此，云计算加上这一系列技术，将会极大地帮助客户释放生产力潜能。

7.《2019数字中国指数报告》发布，政务用云量飙涨404%

2019年5月21日，腾讯研究院联合腾讯云发布了《数字中国指数报告(2019)》。报告称，政务服务正越来越多在云上完成。据报告提供的数据显示，2018年全国政府领域的用云量同比增长404.7%，是平均水平的1.86倍，远高于金融、互联网等行业。

8. 四部门关于发布《云计算服务安全评估办法》的公告

2019年7月22日，工信部网站正式发布国家互联网信息办公室、国家发展和改革委员会、工业和信息化部、财政部四部门关于发布《云计算服务安全评估办法》的公告。

9. ECSC 2019第二届企业云服务大会盛大举办

2019年10月15日，由中国云体系产业创新战略联盟、上海市软件行业协会、云安全联盟（CSA）和拓普会展联合主办的ECSC 2019第二届企业云服务大会在上海成功召开。本次大会上，隆重举行了“智慧中国·云领未来”2019中国云体系技术、产品、方案、人物系列评选的发布和颁奖典礼，许多与会人士发表了主题演讲。

10. CDCE 2019国际数据中心及云计算产业展举办

2019年11月6日至8日，数据中心及云计算行业全产业展示的平台“CDCE 2019国际数据中心及云计算产业展”在上海新国际博览中心举办。展会携手200多家展商，集中展示了数据中心基础设施、数据中心、云计算、信息安全等领域的产品和技术成果，聚焦5G及边缘计算、节能、运维、信息安全等热点话题。

11. 2020年上半年云发展

2020年1月20日，UCloud优刻得正式上市，市值超280亿元，成为国内公有云第一股。

2020年3月4日，中共中央政治局常务委员会议上提出加快5G网络、数据中心等新型基础设施建设进度。

2020年5月8日，金山云正式在美国纳斯达克挂牌交易，股票代码“KC”，募资净额5.1亿美元。

8.3　云计算在电信行业的应用

随着电信网规模不断扩大和新业务不断增加，越来越多电信企业将云计算技术引入自身企业的技术框架中去，以便更高效地管理企业经营。下面我们一起来看看云计算技术是如何应用到电信行业中的。

云计算在电信行业的应用

首先，我们来看看美国最大的电信运营商AT & T公司（见图8-4）。AT & T 公司在全球建设了38个数据中心，已经在主机托管服务领域拥有10年以上的经验，近年来在Synaptic Hosting Service 主机托管服务的基础上又不断推出Synaptic Compute as a Service、Synaptic Storage as a Service 和ToplineISV SaaS Enablement Program 等云计算服务业务。

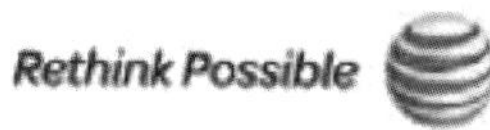

图8-4　AT & T 公司的云计算网站（www.synaptiC．att.com）

Synaptic Compute as a Service 旨在为用户提供服务器、存储和网络等虚拟化资源，并按照随用随付的方式收取费用，能够最大限度降低企业在IT基础设施方面的投入。

Synaptic Compute as a Service 以虚拟服务器为最小单位向用户提供服务，每个虚拟服务器包括1～4个虚拟CPU、1～16 GB 的内存和15 G～1 TB 的硬盘存储空间。AT & T公司在数据中心部署了防火墙，提供了可配置的安全策略，并为不同用户划分不同的VLAN 以保证用户租用服务器的安全性。

Synaptic Storage as a Service 旨在为用户提供安全、弹性、按使用付费的基于Web 方式的云存储服务，并支持多达6 种不同收费级别的存储策略。例如，策略1 支持将数据备份在本地，策略2 支持将数据备份在两个不同的物理存储上，策略3 支持将数据压缩后备份在两个不同的物理存储上，策略4 在策略3 的基础上将存储方式改为只可写一次模式，策略5 在策略2 的基础上支持91 天后压缩保存5 年，策略6 在策略2 的基础上支持91 天后压缩保存7 年。

在SaaS 业务方面，AT & T 公司提供的ToplineISV SaaS Enablement Program 能够在各个阶段帮助用户快速实施SaaS 服务部署。

此外，AT & T 公司在其云计算网站上还提供了一个医疗图像管理系统服务，如图8-5所示。该系统能够为医院提供一套安全、可扩展、按使用付费的海量存储解决方案。

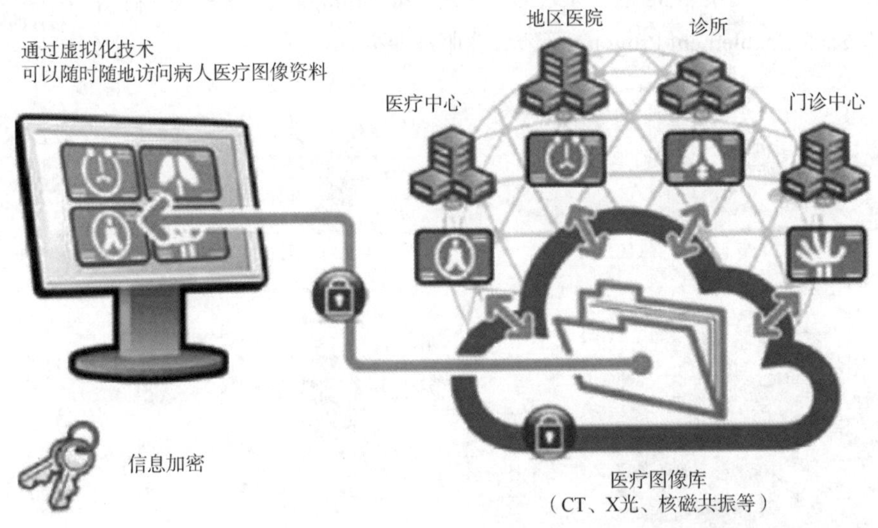

图8-5　AT＆T 公司云计算RRR网站中的医疗图像管理系统

2010 年5 月，中国移动发布“大云（BigCloud）”1.0 计划。中国移动已经建成包括1 000台服务器、5 000个CPU Core、3 000 TB 存储规模的大云试验室。大云的一些技术和应用，也正在中国移动内部的上海、江苏、天津、四川等分公司进行落地试点。中科院、清华大学、北京大学、国家信息安全中心、互联网信息中心、天津市信息港等一大批行业用户，都将成为中国移动大云1.0 的第一批试用者。

中国移动大云系统的架构如图8-6所示，目前已实现集群管理、弹性计算系统、分布式计算框架、分布式海量数据仓库、云存储系统、并行数据挖掘工具等关键功能。

其中，集群管理使大量的服务器协同工作，方便地进行业务部署和开通，快速发现和恢复系统故障，通过自动化、智能化的手段实现大规模系统的可运营、可管理；弹性计算系统（BC-EC）通过对计算资源、网络资源和存储资源进行集中管理和调度，提供弹性计算服务；分布式计算框架（MapReduce）采用MapReduce 并行编程模式，将任务自动划分为多个子任务，保证后台复杂的并行执行和任务调度对用户和编程人员透明；分布式海量数据仓库（Hugetable）采用列存储的数据管理模式，保证海量数据存储和分析性能；云存储系统（BC-NAS）利用大云平台存放、管理用户的文件，提供多种便捷的文件获取方式，支持文件共享；并行数据挖掘工具（BC-PDM）提供基于SaaS 的数据挖掘服务，支持高性能低成本的商务智能应用开发。

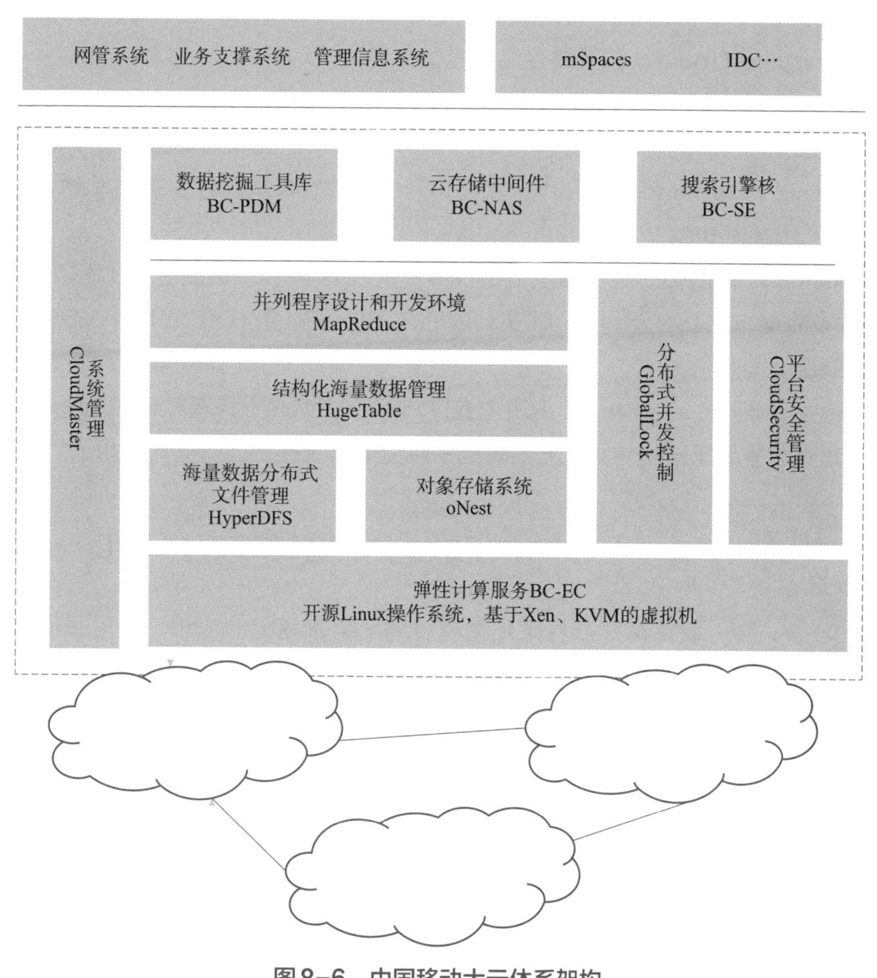

图8-6 中国移动大云体系架构

2011 年8 月31 日，中国电信正式对外发布“天翼”云计算战略、品牌及解决方案。天翼云计算体系框架包括资源云（IaaS）、能力云（PaaS）、云应用（SaaS）三个层面。其中，资源云包括云主机和云存储，利用中国电信云数据中心和网络等资源为客户提供基础资源服务；能力云把传统的通信能力和互联网应用能力相结合，通过标准化接口为软件开发商提供开发测试运行环境，共同聚合并生成信息化应用；云应用则供开发测试运行环境，共同聚合并生成信息化应用；云应用则基于中国电信云计算资源和智能云网络将能力开放与行业信息化应用相结合，打造行业云应用和通用云应用。

法国电信、德国电信和英国电信等欧洲大型电信运营商都先后进入云计算产业领域，分别提出了各具特色的解决方案，这里我们介绍一下法国电信的情况。

法国电信的云计算服务可以分为Infrastructure as a Service、Security as a Service、Collaboration as a Service和Real-time application as a Service四个组成部分。

在IaaS层面，法国电信与Cisco、EMC、VMware等公司合作成立了Flexible 4 Business联盟，并推出了Flexible Computing Premium和Flexible Computing Private两种解决方案。其中Flexible Computing Premium能够帮助大型企业将其IT基础设施外包出去，提供公有云服务；而Flexible Computing Private能够帮助企业构建私有云。

Security as a Service包括Web Protection Suite和Messaging Protection Suite两套解决方案。其中，Web Protection Suite是一款由Scansafe公司开发的功能强大的反恶意软件及URL过滤软件；而Messaging Protection Suite是由微软公司开发的消息保护软件，提供反垃圾邮件、反病毒、内容过滤、加密服务等功能。

Collaboration as a Service是法国电信提供的协作SaaS服务，例如通过使用微软的Business Productivity Online Services就可以享受Exchange、SharePoint、Office Live Meeting和Office Communications等协作服务。

Real-time application as a Service为用户提供一种通过Web方式远程访问企业应用的解决方案，用户通过办公室或家里的计算机甚至智能手机就可以直接访问企业的应用了。

8.4 云计算在教育文化领域的应用

云计算在教育文化领域的应用

云计算在教育文化领域得到了越来越多的应用，这里我们介绍互联网电影资料库、美国联合通讯社和国际合作科研项目贝尔实验中的云计算应用情况，最后再介绍美国国务院是如何利用云计算服务圆满举办文化视频大赛的。

互联网电影资料库（IMDB，Internet Movie DataBase）是一个关于电影、电影演员、电视节目和电视明星的在线数据库，其中存储了丰富的电影电视作品信息，包括影片剧情、导演、演员、影评等诸多信息。IMDB可能是目前世界上最权威和最流行的电影数据库，据统计每个月都能维持在1亿左右的用户访问量。

随着移动互联业务的发展，越来越多的移动用户喜爱使用智能手机来搜索自己感兴趣的影片信息，他们期望仅仅键入较少的查询内容就能够在很快的时间内得到他们想要的影片。为此，IMDB专门设计了预查询算法，并采用Amazon公司的CloudFront产品实现内容分发，从而让移动用户可以在距离自己最近的服务器缓存中查询信息，大大降低了用户的等待响应时间。

预查询机制如图8-7所示，预先计算出所有可能的组合搜索结果，然后CloudFront可以在几个小时之内完成内容分发。根据IMDB的统计报告显示，在一天之中iPhone手机用户就发出了超过230万次请求，并取得了良好的使用体验。

美国联合通讯社（Associated Press，AP）是世界上最大的新闻机构，在97个国家设有243

个办事处，在全世界范围有4 100 名职员。AP 为全美1 700家报纸机构，5000 家广播媒体，以及550 家国际广播服务。

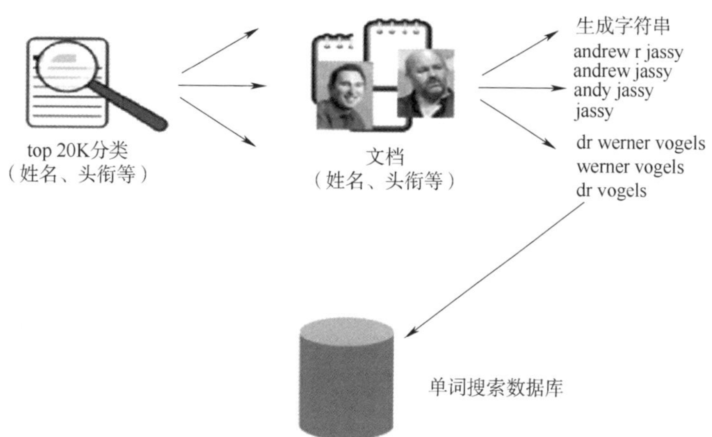

图8-7　IMDB 的预查询及内容分发机制

为了寻找潜在的收益源和新的客户，AP 开始计划开发一套高可扩展性的API（AP Breaking News API），全世界的开发者都可以通过使用这套API 将AP 的新闻内容融入他们的应用程序，AP 期望借此了解人们对哪些新闻感兴趣。

通过综合考虑，最终AP 选择了微软公司的Windows Azure 平台来构建云服务。Windows Azure 提供了一个操作系统，以及一套可以独立或联合使用的开发服务；SQL Azure 数据库存储新闻的元数据；而文档存储在Windows Azure 的Blob Storage 中。

此外，一个关键要求是能够简便安全地在外部使用大量的内部数据，所以AP 还使用了Windows Azure 中的Service Bus，帮助实现用户与服务之间跨防火墙的安全连接。

贝尔实验项目是一个在国际范围内展开合作的实验计划，它使用日本高能加速器研究机构的KEKB 加速器来进行CP 对称性破坏研究，属于高能粒子物理学的研究范畴。参与贝尔实验的人员包括来自17个国家的400 多位物理学家及技术人员，2008 年诺贝尔物理学奖得主小林诚即在此项研究中做出了重大贡献。

西班牙巴塞罗那大学的天文粒子和核物理国家实验室与澳大利亚墨尔本大学的高能物理研究小组都是贝尔实验研究项目的参与者，他们组成的联合团队在科研过程中，采用了AWS 的EC2 作为原有网格计算的补充，取得了很好的效果。

如图8-8所示，研发团队尝试在EC2 提供的虚拟服务器上运行自己的应用程序，并将其与原有网格计算系统有效地集成在一起。科研计算的资源需求量是不断变化的，在第一阶段，他们使用了15 到20个EC2 服务器实例达1 星期之久；而在第二阶段，他们在几小时之内使用了20 到250个EC2 服务器实例。EC2 的这种弹性特质极好地满足了贝尔项目的计算需求，并有效降低了成本。

最后再介绍云计算在美国国务院的文化视频大赛中的应用情况。

美国国务院下属教育与文化事务局（ECA）为了促进美国人民与其他国家人民的相互了解和文化交流，开发并维护了一个社交网站ExchangesConnect，互联网用户可以在网络社区中讲述自己的故事并相互交流。

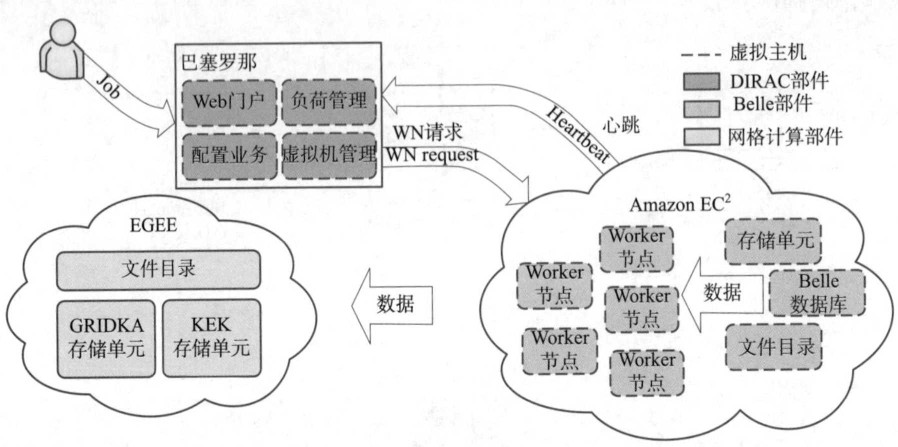

图8-8　EC2在贝尔实验科研项目中的应用

为了进一步促进这种文化交流活动，ECA决定举办一次文化交流网络视频大赛。考虑到资金有限，准备时间不足，经过综合考虑，最终ECA选择了AWS相关产品搭建应用系统。

如图8-9所示，系统选用EC2作为应用服务器，选用S3存储参赛的照片及视频作品，并使用了Elastic Load Balancing来实现各EC2服务器实例之间的负载均衡。

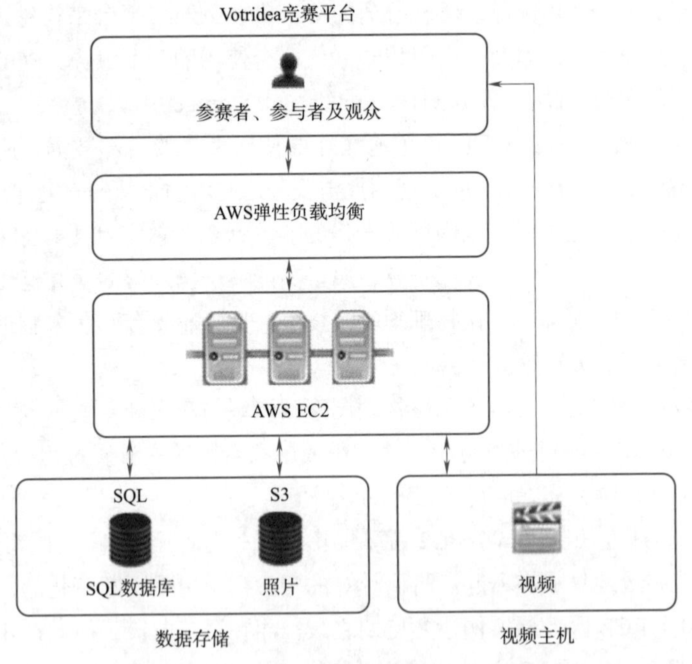

图8-9　AWS在文化网络视频大赛中的应用

在两个半月的时间内，IT人员使用AWS提供的服务快速完成了从工作流程、网上评论、投票、比赛平台到远程法官等多项功能的开发部署，最终大赛取得了圆满成功。

8.5　云计算在制造业的应用

下面我们通过3M 公司、AeroDynamic 公司和西门子公司来介绍云计算在制造行业的应用情况。

云计算在制造业的应用

1．3M公司

3M 公司（Minnesota Mining and Manufacturing）于1902 年在美国明尼苏达州成立，是一家历史悠久的多元化跨国企业，素以产品种类繁多、锐意创新而著称于世。成立至今，它开发生产的优质产品多达5万多种，服务于通信、交通、工业、汽车、航天、航空、电子、电气、医疗、建筑、文教办公及日用消费等诸多领域。同时3M公司还非常重视技术研究，仅在技术研究领域就投入了7 000多名员工进行各项专门的研究工作。

其中有一个项目主要研究人体视觉系统的工作原理，并通过算法模拟预测人体视觉系统针对特定视觉图像视频的反应。这项技术已经在铁路信号和紧急出口使用的反射性材料等领域得到了广泛应用，3M 公司期望该技术能够进一步在商标设计、Web 页面布局、电子屏幕广告等方面提前预测客户的视觉观感。

3M公司在该项研究的基础上开发了一个基于Web 的视觉反馈系统（Visual Attention Service，VAS），该系统通过建立在视觉注意力模型之上的预测算法来评价设计作品的受欢迎程度。

例如，通过VAS 系统的分析，认为图8-10中汽车上亮点标明的位置是最能够吸引客户关注的地方，在这些位置出现的文字或图案最容易打动消费者。

图8-10　3M 公司的VAS 系统（汽车上最能吸引客户眼球的位置）

目前，VAS 系统部署在3M 公司内部的数据中心之上，其用户主要是公司内部设计人员。作为一家制造业领军企业，3M 公司期望将VAS 系统提供给自己的客户，并将其融入到客户现有的设计流程中去。同时，3M 公司希望新的系统能够满足以下3个需求：其一是系统响应速度要快；其二是系统弹性好，既能够应付平时的小访问量，又能够满足客户设计截止日之前的使用高峰；其三是价格便宜。

经过认真考虑，最终3M 公司选择了微软公司的Windows Azure Platform 产品来实现了上述功能。如图8-11所示，整个系统采用ASP.NET 2.0 构建了Web 网站作为VAS用户接口，使用Silverlight 组件使得用户可以编辑或修改提交的图像，使用Windows Azure 的存储服务来保存图像文件，使用SQL Azure来保存管理整个系统需要的相关信息。

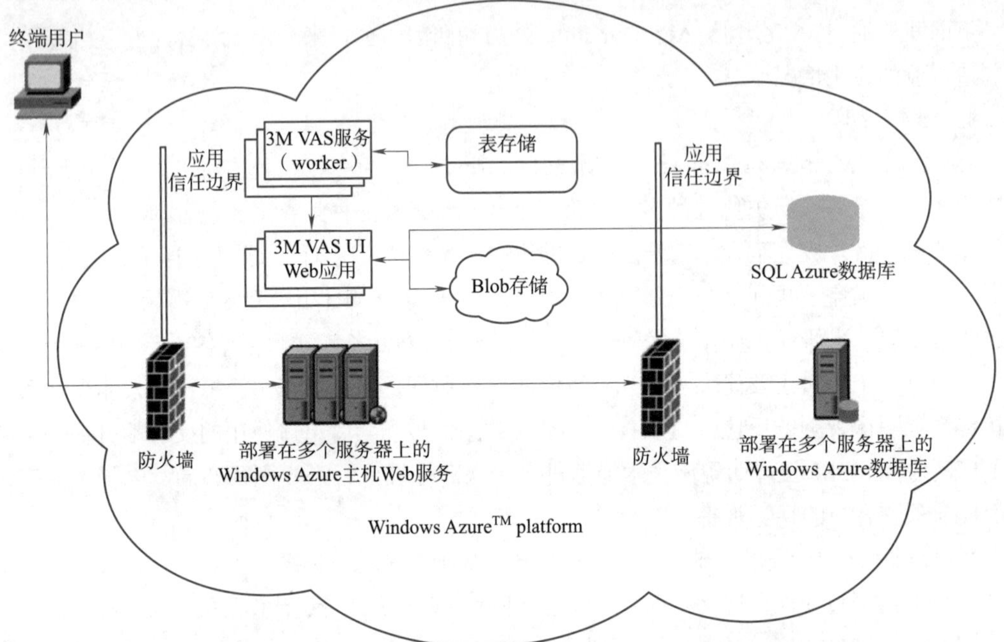

图8-11　基于Windows Azure Platform的VAS系统

对于世界领先的喷气飞机发动机制造商ADS（Aero Dynamic Solution）来说，产品研发仍然是一个极度昂贵和耗时的工作。现代设计已经将传统的分析方法发挥到了极致，迫切需要使用先进的模拟技术在投产之前就更好地解决性能和耐用性等问题。为此，美国空军研究实验室联合ADS为美国的燃气涡轮机产业进行一项长时精确模拟技术项目的研究，其中美国空军研究实验室负责涡轮推动系统的研究，ADS负责为全球范围的喷气发动机、工业燃气涡轮机和压缩机提供流体力学软件和分析服务。

长时精确模拟技术能够帮助设计人员深入了解随着时间变化，空气动力是如何影响性能和结构件疲劳的。虽然这种分析方法很早就已经为科学家所提出，但是至今在商业领域仍然没有达到实用的地步，主要原因就在于其居高不下的计算成本和时间投入。例如，长时精确模拟一般需要巨大的硬件（如数百个处理器）、软件和技术人员投入，而且耗时几周的时间才能得到仿真结果。

ADS采用AWS对美国空军设计的1.5级涡轮ND-HiLT进行了分析，仿真结果令人惊讶，在72个小时里就完成了过去需要几周才能够完成的工作，仅仅花费了不到1 000美元，而且还发现了传统分析方法没有发现的严重设计隐患。

2. 西门子公司

西门子公司是一家涉足电子和电气工程方面的全球性集团，业务遍及工业、能源和医疗保健等方面，目前在全世界拥有大约410 000名职员。

西门子公司开发了一个为其全球范围内超过80 000台设备提供远程服务的系统cRSP（common Remote Service Platform），其中包括一个软件分发服务，能够通过VPN连接到远程设备并完成软件升级和打补丁等工作。

目前在视频流或大规模软件更新等新兴应用领域，西门子公司需要一个能够轻松拓展或缩减规模来应对流量变化的解决方案。如果采用传统的建设模式，必须构建一个大型服务器基础设施来处理峰值负荷，但是该大型服务器基础设施在低需求的非峰值期间会被闲置而造成资源浪费。

为了避免出现上述问题，西门子公司决定通过云计算模式来开发一个软件分发方案，通过租用外部数据中心的云计算服务来满足弹性需求，并最终选择了微软公司的 Windows Azure Platform 云计算解决方案。

如图 8-12 所示，西门子采用 SAP 系统为软件分发生成订单，并自行研发了 SDM（Software Delivery Manager）系统来收集 SAP 系统产生的订单，根据订单从库中提取的对应的软件包。之后 SDM 将订单与软件包上传至西门子定制的应用 SDS（Software Delivery Service）系统，SDS 使用 Windows Azure Storage 来存储软件包，使用 SQL Azure 存储订单信息和管理数据。当软件包可下载时，SDS 会通知驻留在设备上的 SDC（Software Delivery Client）软件，SDC 负责下载并安装软件包。安装完成后 SDC 通知 SDS，SDS 通知 SDM，SDM 进一步反馈给 SAP 系统，最终 SAP 系统会提供包括 Winsows Azure 资源使用量在内的账单信息。

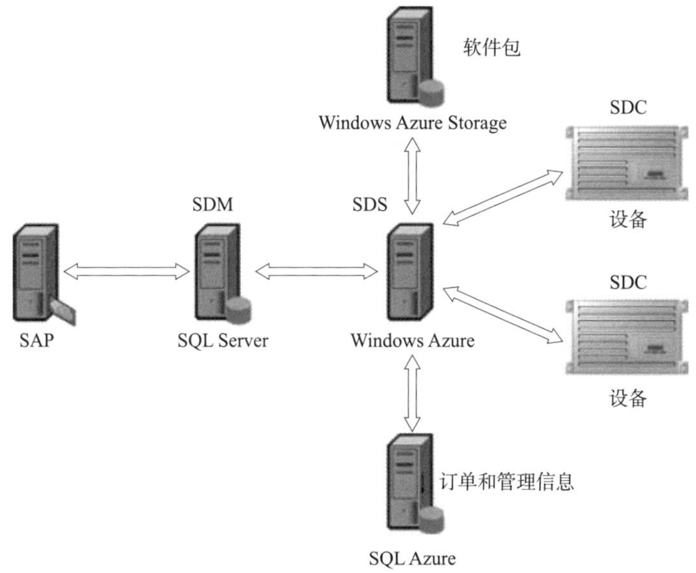

图 8-12　云计算在西门子公司 cRSP 系统中的应用

使用云计算技术以来，西门子公司可以动态地调整全球软件分发的规模，同时减少成本，加强服务，避免大量新资产投资，取得了良好的效果。

8.6　云计算在零售业的应用

零售业是指通过买卖形式将工农业生产者生产的产品直接出售给居民作为生活消费用品或出售给社会集团供公共消费用的商品销售行业，也是云计算颇为青睐的一个行业领域。这次我们选取平价零售商 Target、Dell 公司和连锁购物中心 ANCAR Ivanhoe 作为代表，介绍云计算的具体应用。

1. Target 公司

Target 公司的第一家店铺于1962 年在美国明尼苏达州的明尼阿波利斯市开张，当时的店铺主要专注于以优惠的折扣价格提供便捷购物体验。今天，Target 公司依然承诺向客户提供从日用商品百货到引领潮流的家居用品及服饰等各种具有超值价格的商品。

Target 公司拥有一套高度分布式的IT 基础架构，在其1 755 间零售店铺中分散着超过300 000个终端，其中包含服务器、计算机、POS 收银台、信息查询终端以及其他移动设备。除了集中的身份验证管理、域名解析以及终端监控服务外，每间零售店铺在功能上都是一个自治单元。每间店铺都拥有7台服务器，这些服务器上部署着整套的内部关键业务应用程序，其中包括平均每间店铺30 台POS 收银台的POS 解决方案、安全应用、库存管理及库存补给应用等。对于包含药房的Target 店铺，则还有药房应用。

在Target 公司传统的工作模式下，如果要为某家店铺开发应用，那么就需要为该应用购买一台服务器。随着连锁范围的扩张，这带来了巨大的成本压力，因此Target 公司希望降低每间店铺内用于运行应用所需的物理服务器的数量。

2004 年，Target 公司以前运行药房解决方案的硬件下线了，但是并不想花费上百万美元更换太多硬件，此时Target 公司正好加入微软公司针对虚拟化技术的TAP 项目，通过使用Microsoft Virtual Server 2005 对基于Linux 的药房解决方案成功进行虚拟化处理，取得了良好的效果。

在随后的三年里，Target 公司通过Virtual Server 2005 对其他店铺进行了虚拟化，这些新虚拟机主要用于承载 Microsoft SQL Server 2005 数据管理软件及 Microsoft System Center Configuration Manager 2007。

2009 年，Target 公司发现晚间在店铺卸货时，员工在将移动条码阅读器中的清单数据传送到SQL Server 数据库这一过程中，原本不到一秒的响应时间竟然长达一分钟。经过进一步调查发现，Microsoft Virtual Server 2005 只能使用一颗CPU，这一设计局限正是导致SQL Server 性能低下的罪魁祸首。为此，Target 公司部署了Windows Server 2008数据中心版及Hyper-V，并通过Hyper-V 对多核处理器的支持，让每台虚拟机都能访问最多四颗逻辑处理器，从而很好地解决了这个性能问题。

借助于Hyper-V，Target 公司目前正在向所有店铺推广每间店铺两台服务器的模式，而且对于每间店铺而言所有应用的迁移工作只需要两个晚上。2010 年，Target 公司在350间店铺完成了该操作。

2. Dell 公司

Dell 公司以生产、设计、销售家用以及办公室计算机而闻名，不过它同时也涉足高端计算机市场，生产与销售服务器、数据储存设备、网络设备等。

Dell 公司在每个区域依赖的是各种本地化管理系统，它希望建立一套灵活易用且具有全局一致性的CRM 管理系统，能够提供各销售渠道的全球视图以及全球销售团队之间协作的途径。公司IT 部门曾经打算建立集中式解决方案，但因成本过高而被迫放弃。

Dell 公司每天与超过三百万的客户有业务往来，能够收到技术合作伙伴的众多建议和意见，高层管理人员希望有一个集中位置，可以在其中查询针对技术合作伙伴建议和意见的处理状态。为此，Dell 公司期望通过建立网络社区来收集反馈，帮助公司捕获反馈并推动创新。除此之外，Dell 公司还想要创建一个安全的员工网络社区，以听取来自全球80 000位员工的真实反馈。

经过评估筛选，Dell 公司最终选择了 Salesforce 的CRM 产品。在第一阶段的12 周时间内为美国的4000 位用户部署了Salesforce CRM；在第二阶段，又用了18 个月的时间为全球15 000 位用户部署了Salesforce CRM。

在Salesforce公司的帮助下，Dell 公司利用Force.com 云计算平台管理其业务流程，在不到4 周的时间内构建了用于跟踪合作伙伴意见的应用程序。该应用程序允许一个包含75 位技术评估人员的团队对意见进行跟踪、管理和报告。通过使用Force.com，Dell公司还允许风险投资公司和其他公司通过简单的电子邮件形式提交新的建议和意见。

同时Dell 公司还使用Salesforce CRM 在3 周时间内开发并启动了IdeaStorm 社区，使客户有机会畅游Dell 公司并分享产品开发、服务和运营方面的建设性意见。在第一周内，IdeaStorm 收集了超过500 条建议。除此之外，Dell 公司还建立了EmployeeStorm 社区，允许公司内部员工发表建议，在启动的前两周内收集了超过700 条建议。

ANCAR Ivanhoe 公司是一家创立于35 年前，总部位于巴西里约热内卢的大型购物连锁中心，它在巴西5 个区中拥有16 家购物中心。

ANCAR Ivanhoe 公司期望在不增加IT 基础设施投入的情况下，通过Web 界面和SaaS模式，实现对商场出租和广告席位销售工作的全程监控管理，并通过对销售主管和客户历史信息的记录和分析定期发布对销售团队业绩和客户收益率的报告。

经过分析论证，最终ANCAR Ivanhoe 公司选择了Oracle公司的Oracle CRM On Demand 软件作为自己的解决方案，在2 个半月的时间里就快速完成了该项目的建设并投入运行，取得了良好的效果。

通过在销售流程中引入SaaS 模式，ANCAR Ivanhoe 公司的74 名销售人员可以在任何时间任何地点使用笔记本计算机或手机接入新开发的销售流程管理系统，及时迅速地完成对应的工作。

同期上线的CRM 系统在不增加IT 基础设施投入的前提下，不仅提供了友好的用户界面，而且能够帮助公司管理者对每一个销售合同进行360° 全程跟踪，同时还可以根据日志记录快速发布销售业绩报告和客户评估报告。

8.7　云计算的未来

云计算的未来会走向何方呢？按照目前的理解，可以从两个方面来看待云计算未来的发展问题，一个是云计算的技术会走向何方，另一个则是云计算的应用会变成怎样。

云计算的未来

云计算的技术会走向何方呢？前面我们在云计算的关键技术中着重介绍了虚拟化技术和分布式技术，实际上这也是目前云计算自身技术发展的两大阵营。

以Google公司为代表的互联网公司专注于构建分布式的云计算架构，例如，分布式文件系统、分布式数据库、分布式计算框架等，旨在将大的任务分解为多个小任务，并通过多个计算节点共同参与计算来并行解决问题。

而以VMware为代表的IT公司则大力发展虚拟操作系统技术，使得多个操作系统能够共享同一套硬件资源，旨在实现对计算能力的按需分配。

因此也有学者沿袭上述思路提出了虚拟化云操作系统和分布式云操作系统的概念，如图8-13所示。

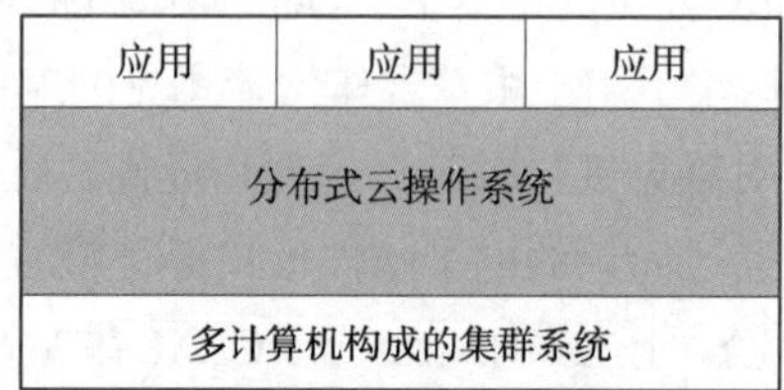

图8-13　虚拟化云操作系统与分布式云操作系统

虚拟化云操作系统可以将数据中心多台服务器的CPU、内存和磁盘等物理资源整合起来，以虚拟化的方式提供给传统的操作系统和构建在其上的应用程序。

而分布式云操作系统把数据中心的服务器看作是多个计算节点或多个存储节点，通过分布式的存储机制和计算框架，为应用程序提供统一的服务。此时，集群系统中各个计算节点上可能运行的是形式各异的操作系统，但是分布式云操作系统只要将其看作一个能够纳入分布式框架的节点就可以了。

云计算服务是伴随着互联网的发展而发展起来的，目前传统的互联网之上又衍生出移动互联网和物联网两个发展方向，因此云计算在移动互联网和物联网上的应用可能是接下来主要的发展方向。

关于移动互联网的云计算应用我们前面已经介绍过一些实例了，例如，Apple公司的iCloud云服务、IMDB针对iPhone用户开发的预查询内容分发系统、欧洲环境局Eye On Earth项目的mBlox短信聚合器等。随着越来越多的移动用户通过智能手机、平板电脑访问互联网络，云计算在移动互联业务中的应用无疑会越来越普及。

物联网这个概念从产生到现在时间不长，美国、中国、日韩和欧盟都在积极开展相关的研究和探索，科研校所、生产企业、应用行业甚至财经媒介都在发表自己关于物联网的观点和认识。

目前一般认为，物联网包括感知识别、网络连接和管理应用三个层面的内容，如图8-14所示。

在感知层，可以通过条形码、RFID等技术来标识自身，可以通过传感器、传感器网络、摄像头、GPS等技术来感知外部世界，也可以通过平板电脑、智能手机等设备来发出指令控制机器人、家用电器等智能设备。

在网络层，既包括ZigBee、蓝牙、红外、超宽带、近场通信等用于传感器网络或智能设备近距离通信技术，也包括宽带接入、移动通信、互联网等远距离大范围的通信技术。

应用层可以细分为管理和应用两部分内容。在管理层面，有分布存储、数据融合、数据挖掘、搜索引擎、云计算、数据安全等多种技术为物联网的应用提供基础服务；在应用层面，目前物联网已经在许多领域得到了应用，如绿色农业、工业监控、公共安全、城市管理、远程医疗、智能家居、智能交通、环境监测等。

图8-14　物联网体系结构

物联网的发展势头非常迅猛，很有可能在近几年成长为一个新兴的活跃产业，而云计算在其应用层中占据非常重要的地位，因此云计算在物联网时代一定会得到更为广泛的应用。

小　　结

根据用户范围的不同，可以把云计算按照部署模式划分为公有云和私有云两种类型。此外，在实际应用中还产生了一些衍生的云计算形态，例如，混合云和社区云。从服务类型角度可以将云计算划分为SaaS、效用计算、Web Service、PaaS、MSP、商业服务平台和云计算整合等七种类型。

本章我们介绍了云计算在公共服务、电信行业、教育文化、制造业和零售行业等行业领域的应用情况，可以看出云计算、制造业和零售行业等行业领域的应用情况，可以看出云计算技术已经逐步得到推广使用。

从技术角度来看，虚拟化云操作系统和分布式云操作系统是目前云计算技术发展的两大阵营。从应用角度来看，移动互联网和物联网是云计算应用的两大发展方向。

习　　题

一、选择题

1．目前数据中心服务器操作系统主要有三大类：UNIX系统、Windows系统和（　　）。数据中心要根据具体的业务需求选择适合的操作系统。

A. DOS　　B. IOS　　C. Linux　　D. OS/2

2. 数据中心大多以（　　）的形式向外提供服务，（　　）服务一般采用三层架构，从前端到后端依次为表现层、业务逻辑层和数据访问层。

A. 客户端　　B. Web　　C. APP　　D. 终端

3. 数据中心建设中（　　），主要完成服务器和系统的安装和配置工作。

A. 机器上架和系统初始化阶段

B. 软件部署和测试阶段

C. 选择服务器阶段

D. 选择软件阶段

4. 数据中心建设中（　　），主要完成软件程序的安装和配置工作。

A. 机器上架和系统初始化阶段

B. 软件部署和测试阶段

C. 选择服务器阶段

D. 选择软件阶段

5.（　　）是指创建数据的副本，在系统失效或数据丢失时通过副本恢复原有数据。（　　）的种类包括文件系统备份、应用系统备份、数据库备份和操作系统备份等。

A. 数据存档　　B. 数据备份　　C. 数据整合　　D. 数据挖掘

二、填空题

1. 云计算模式的基础是____________。

2. 根据整个系统的设计，____________包括服务请求和自动部署等自助服务。

3. 混合云的利器是____________，它把各种云平台资源进行异构整合，推出企业级混合云，使企业可以根据自己需求灵活自定义各种云服务。

4. ____________是由德国 Innotek 公司开发，由Sun Microsystems公司出品的软件。

5. VMware Workstation主要特性是包括：____________。

6. KVM全称Kernel-based Virtual Machine，是一个____________模块。

7. 基础设施层是指为云计算服务体系建设提供____________的产业集合，主要包括____________和____________两个方面，处于云计算产业链的上游环节。

三、简答题

1. 请简述什么是公有云、私有云、混合云和社区云。

2. 请简述云计算的未来发展趋势。

3. 请举例简述云计算在公共服务领域的应用。

4. 请举例简述云计算在电信行业的应用。

5. 请举例简述云计算在教育文化领域的应用。

6. 请举例简述云计算在制造业的应用。

7. 请举例简述云计算在零售业的应用。

参 考 文 献

[1] 王鹏，黄焱，安俊秀，等. 云计算与大数据技术[M]. 北京：人民邮电出版社，2014.

[2] 唐国纯. 云计算及应用[M]. 北京：清华大学出版社，2015.

[3] 武志学. 云计算导论概念架构与应用[M]. 北京：人民邮电出版社，2016.

[4] ERL，MAHMOOD，PUTTINI. Computing Concepts, Technology & Architecture [M]. 北京：机械工业出版社，2015.

[5] 林伟伟，刘波. 分布式计算、云计算与大数据[M]. 北京：机械工业出版社，2015.

[6] 张子凡. OpenStack部署与实践[M]. 北京：人民邮电出版社，2016.

[7] 杨海艳，杜珺，王月梅，等. VMware vSphere云平台运维与管理 [M]. 北京：人民邮电出版社，2018.